空气质量模型（SMOKE、WRF、CMAQ 等）操作指南及案例研究

伯 鑫 等 著

U0251625

中国环境出版集团·北京

图书在版编目（CIP）数据

空气质量模型（SMOKE、WRF、CMAQ 等）操作指南及案
例研究/伯鑫 等著. —北京：中国环境出版集团，2019.12
　　ISBN 978-7-5111-4193-4

　　Ⅰ．①空…　Ⅱ．①伯…　Ⅲ．①环境空气质量—质量
模型—研究　Ⅳ．①X823

　　中国版本图书馆 CIP 数据核字（2019）第 288381 号

　　审图号：GS（2019）4378 号

出 版 人　武德凯
责任编辑　李兰兰
责任校对　任　丽
封面设计　岳　帅

更多信息，请关注
中国环境出版集团
第一分社

出版发行　中国环境出版集团
　　　　　（100062　北京市东城区广渠门内大街 16 号）
　　　　　网　　　址：http://www.cesp.com.cn
　　　　　电子邮箱：bjgl@cesp.com.cn
　　　　　联系电话：010-67112765（编辑管理部）
　　　　　　　　　　010-67112735（第一分社）
　　　　　发行热线：010-67125803，010-67113405（传真）
印　　刷　北京中科印刷有限公司
经　　销　各地新华书店
版　　次　2019 年 12 月第 1 版
印　　次　2019 年 12 月第 1 次印刷
开　　本　787×1092　1/16
印　　张　12.5
字　　数　265 千字
定　　价　88.00 元

内容简介

SMOKE 模型是排放清单数据前处理模型，主要为空气质量模型提供源前处理。WRF 模型是集数值天气预报、大气模拟、数据同化于一体的模型系统，主要用于大气环境模拟、天气研究、气象预报等，并为空气质量模型（CMAQ、CALPUFF、AERMOD、ADMS 等）提供气象场。CMAQ 模型是第三代空气质量模型系统，主要用于环境规划、环境保护标准、环境影响评价、环境监测与预报预警、环境质量变化趋势、总量控制、排污许可、环境功能区划、环境应急预案、来源解析、"三线一单"等有关政策的制定和文件编制。

本书系统介绍了 SMOKE、WRF、CMAQ 等模型的基本功能、安装流程、基本操作、常用命令等，总结了 SMOKE、WRF、CMAQ 等模型在环评、源解析、"三线一单"等方面的方法及案例应用。本书还介绍了其他模型（ISAT、CAMx、CALWRF、MMIF、AERMOD、CALPUFF 等）的基础操作、应用案例及小尺度模型大气污染预报等。

本书可作为高等院校环境科学、环境工程、环境管理、大气科学等专业的教学参考书，也可作为环评行业人员的《环境影响评价技术导则　大气环境》（HJ 2.2—2018）推荐模型培训教材，还可供科研院所以及环境管理部门的科研人员参考。

序 言

国家发布的《关于加快推进生态文明建设的意见》，明确提出"坚持绿水青山就是金山银山""深入持久地推进生态文明建设"，对生态环境保护工作提出了更高的要求。《打赢蓝天保卫战三年行动计划》等提出"常态化开展重点区域和城市源排放清单编制、源解析等工作""开展环境空气质量中长期趋势预测工作""积极推行区域、规划环境影响评价，新、改、扩建钢铁、石化、化工、焦化、建材、有色等项目的环境影响评价，应满足区域、规划环评要求"。而空气质量模型是源解析、空气质量预测、空气质量达标规划、战略环评、"三线一单"等工作开展的重要工具，空气质量模型的标准化应用已成为我国"十三五"期间大气污染防治工作的重要任务。

生态环境部环境工程评估中心在国家重点研发计划项目（2016YFC0208101）、国家自然科学基金资助项目（71673107）、大气重污染成因与治理攻关项目（DQGG0209-07、DQGG0304-07）等课题的支持下，全面开展了大气污染源排放清单、空气质量模型等一系列研究工作，已形成《环境影响评价技术导则 大气环境》《国家环境质量法规模型管理办法（建议稿）》《国家空气质量法规模型遴选技术指南（建议稿）》以及国家法规模型验证案例库、模型评价指标、评价方法、验证标准、认证制度等一批关键技术成果，大大提高了大气污染模拟预测结果的准确度、可信性和科学性，为战略环评、大气环境管理决策提供了有力支撑。

本书基于以上研究成果，系统介绍了《环境影响评价技术导则 大气环境》（HJ 2.2—2018）中所推荐的 SMOKE、WRF、CMAQ 等数值模型的基础操作、案例分析和标准化应用，具有较强的专业性、实用性和创新性。作为模型使用工具书，本书的出版为环评人员、环保科研人员提供了基础的模式操作、案例知识，为环评、"三线一单"、空气质量达标规划提供了参考。作为模型操作的教材，本书用通俗易懂的语言，结合应用案例和样本数据，为不会使用模型的非专业人士和高等院校学生提供了全面的技术指导。

南京大学大气科学学院

2019 年 7 月于南京大学

前　言

《环境影响评价技术导则　大气环境》（HJ 2.2—2018）推荐了 CMAQ 等光化学网格模型，CMAQ 模型凭借其较为全面的大气污染物输送、化学反应机制，主要应用于我国源解析、污染预报预警、空气质量达标规划、战略环评、"三线一单"等工作，并为区域产业调整、空间布局、环境承载力等提供了技术支撑。

但是，对于我国环评工作者来说，CMAQ 等光化学网格模型比其他模型如 AERMOD、ADMS、CALPUFF 等更为复杂，需要获得大气污染源排放清单、气象场等，需要掌握清单数据前处理模型 SMOKE、中尺度气象模型 WRF、化学传输模型等知识。大气污染源排放清单方面，我国缺少统一的基准排放清单（背景排放清单），缺少标准的污染源清单预处理方法；气象场方面，缺少精细客观的模型初始场和边界场。这些都影响了 CMAQ 等模型的准确性，阻碍了空气质量模型在我国环评领域的规范化应用。

针对上述问题，近年来作者研究团队开展了大气污染源排放清单、空气质量模型等研究工作。大气污染源排放清单方面，按照自下而上的方法，编制了最新的全国高分辨率火电排放清单、全国高分辨率钢铁排放清单、全国高分辨率水泥排放清单、全国高分辨率垃圾焚烧电厂排放清单、全国机场排放清单等，为区域空气质量模型提供了有效的污染源排放参数；气象场方面，基于国家气象局的实况数据集，开展了高分辨率同化气象场研究；空气质量模型方面，积极开展空气质量模型法规化与标准化研究，构建了国家典型空气环境等的法规模型库。

本书分为 15 章，主要内容包括：研究背景、源前处理模型 SMOKE 和 ISAT 安装、WRF 安装、CMAQ 安装、污染源清单模型基础数据预处理研究、WRF 同化应用研究、CMAQ 在源解析和环评中的应用研究、CMAQ 在 "三线一单" 中的应用研究、CAMx 在重点煤电基地大气污染物影响中的应用研究、CAMx 在全国机场大气污染物影响中的应用研究、MMIF 操作步骤、CALWRF 操作步骤、小尺度模型 AERMOD 在城市钢铁厂优化布局中的应用研究、CALPUFF 大气污染预报中的应用研究、AERMOD 大气污染预报中的应用研究等。本书重点强调 SMOKE、WRF、CMAQ 等模型的基本操作、案例应用，注重理论与实践的结合。

本书主要基于作者团队、合作团队的相关研究成果，由伯鑫策划并统稿。第 1 章由伯鑫编写；第 2 章由伯鑫、何友江、王堃、王晨龙编写；第 3 章由吴成志、张轶雯、陈必新、王刚、唐千红编写；第 4 章由田军、黄满堂编写；第 5 章由伯鑫编写；第 6 章由刘鑫、叶冬、陈宇、黄琰、李志敏、唐千红、程兴宏编写；第 7 章由唐伟、张众志编写；第 8 章由伯鑫、田军、吴成志、王刚、杨夕编写；第 9 章由伯鑫、马岩、李厚宇、史梦雪编写；第 10 章由伯鑫、唐伟、田飞、李洋编写；第 11 章由伯鑫、薛晓达、汤铃、徐峻、杜晓惠编写；第 12 章由伯鑫、王刚、杨朝旭编写；第 13 章由伯鑫、王刚、屈加豹编写；第 14 章由伯鑫、杨朝旭、马岩、贾敏、成国庆编写；第 15 章由伯鑫编写。郭静、杨朝旭、马岩参与了本书文字校核工作。本书的编写过程中得到了王自发研究员、王体健教授、孟凡研究员、朱彬教授、王书肖教授、崔建升教授、常象宇教授、崔维庚教授、周北海教授、蒋靖坤教授、程水源教授、田贺忠教授、赵瑜教授、王勤耕教授、谢旻副教授、王红磊副教授等专家的帮助，在此一并表示感谢。对中国环境出版集团大力支持本书的出版表示衷心谢意。特别感谢李时蓓研究员的悉心指导，为本书的出版提出了很多宝贵的指导意见，她严谨的学术思想、勤奋的工作态度使我受益终生。

由于研究条件和作者能力所限，加上时间仓促，本书不足之处在所难免，敬请同行专家、广大读者多批评指正。

伯　鑫

2019 年 7 月

目　录

第 1 章
研究背景

1.1 背景

1.1.1 SMOKE

污染源排放清单是开展所有大气环境污染问题研究以及政策管理的基础，污染源排放清单是空气质量数值模拟研究的基础输入数据，在处理污染源排放清单时需要考虑源清单数据的空间分配、时间分配、化学物种分配等一系列复杂的前处理过程，污染源排放清单数据前处理直接影响空气质量数值模型模拟结果的精度。目前国际上使用 SMOKE（Sparse Matrix Operator Kernel Emissions，稀疏矩阵排放清单处理系统）污染源前处理模型来完成复杂的源清单数据前处理过程，并将源清单数据转换为空气质量数值模型可以识别的数据格式。

为预测和分析区域范围大气污染物扩散、迁移以及化学转化等物理化学过程，需要开展空气质量数值模拟研究。数值模拟是开展区域大气环境问题研究的基础技术手段和有效研究方法，在区域大气环境影响评价、大气环境规划管理以及空气质量数值预报方面都有广泛的应用。空气质量数值模拟主要研究大气污染物的排放、大气污染物在大气中的输送、沉降等物理过程以及化学转化过程，空气质量数值模拟系统主要包括污染源清单前处理、气象场数值模拟以及化学输送数值模拟 3 部分。开展区域空气质量数值模拟研究有助于深入了解大气污染物在大气中的迁移转化过程，为区域大气污染防控和环境规划提供科学借鉴。

SMOKE 模型可处理的排放清单包括多种标准大气污染物、微粒污染物、有毒空气污染物，可支持多种空气质量模型（CMAQ、CAMx 等）和多种清单数据格式（IDA、EMS-95 等）。在我国，模型使用者需要对源清单数据进行格式转换和处理，转换为 SMOKE 污染源前处理模型可以识别的数据格式（开展数据本地化转换工作），经过 SMOKE 模型处理成空气污染数值模型的输入数据格式。具体工作流程见图 1-1。

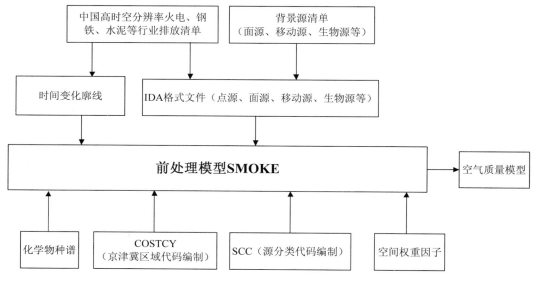

图 1-1　SMOKE 数据处理流程

1.1.2　WRF

为获得更为精准、翔实、可靠的大气污染模拟结果，需要提供时空连续的气象输入数据。近年来，我国地面自动气象站在全国的布网使地面观测在时空密度上大大提高，时间密度已经达到 5 min 甚至 1 min，MM5、WRF 等中尺度气象数值模型在全国已经得到普及和应用。

WRF（Weather Research and Forecast，气象研究与预报系统）是美国国家大气研究中心（NCAR）、美国太平洋西北国家实验室（PNNL）、美国国家海洋及大气管理局（NOAA）等共同发展的中尺度气象模型，WRF 气象模型可为 CMAQ、CAMx、CALPUFF、AERMOD、ADMS 等提供驱动大气污染物扩散、传输等物理化学过程的三维气象场数据。WRF 高分辨率模拟结果应用在大气污染模拟研究中，能够为大气污染物模拟研究提供更为全面可靠的基础参数，为中国的大气污染模拟研究提供强有力的支持。

1.1.3　CMAQ

1970 年至今，美国国家环境保护局（USEPA）及相关研究机构共开发了三代空气质量模型。20 世纪 70—80 年代以箱模型、高斯扩散模型、拉格朗日轨迹模型为基础，推出了第一代空气质量模型，这些模型采用简单的参数化线性机制描述复杂的大气物理过程，适用于模拟惰性污染物的长期平均浓度，其中具有代表性的模型有 ISC、AERMOD、

CALPUFF 等；80—90 年代，研究人员在第一代模型的基础上加入了较为复杂的气象模块和非线性反应机制，形成第二代空气质量模型，其中具有代表性的包括 RADM、UAM 等；随着大气光化学研究的不断深入和发展，90 年代中后期第三代模型应运而生。第三代空气质量模型考虑了大气中不同物质、不同相态之间的相互转换和相互影响，能够更加客观真实地模拟污染物的转化和迁移过程，代表模型有 CMAQ、WRF-CHEM、CAMx 等（见表 1-1）。

表 1-1　空气质量模型发展历程

发展历程	代表模型	主要原理
第一代	ISC、AERMOD、CALPUFF	质量守恒、湍流扩散统计理论
第二代	光化学污染模式（UAM、CIT 等）、区域尺度光化学模式（ROM）、酸沉降模式（RADM、ADOM、STEM）	在第一代模型的基础上增加了污染物转化的机制
第三代	CMAQ、CAMx、WRF-CHEM 等	考虑气象和大气污染的双向反馈

　　CMAQ 模型（Community Multiscale Air Quality，区域多尺度空气质量模型）是美国国家环境保护局开发的第三代区域空气质量模型，是第三代空气质量模型的典型代表。20 世纪 90 年代初以来，该模型一直处于不断完善和发展过程中，吸收了几十余年大气模拟研究的最新成果。CMAQ 模型第一个版本发布于 1998 年，现已更新至 5.2 版本。

　　CMAQ 模型凭借其较为全面的大气污染物输送及化学反应机制，广泛应用于科研、业务模拟工作中。目前读者可以在 CMAQ 模型网站在线下载。CMAQ 模型的设计理念是通过"一个大气"模型，可以同时解决从局部到半球不同尺度上多个空气质量问题之间的复杂耦合关系，最终为从监管和政策分析到理解大气化学和物理的复杂相互作用服务。从模型结构来看，它是一个三维欧拉（即网格化）大气化学和输送综合模型，可模拟整个对流层的臭氧、颗粒物（PM）、有毒空气污染物、能见度、酸性物质等污染物的输送过程。

　　CMAQ 模型是基于一系列连续的三维（3D）网格单元来保存污染物的浓度信息，每个单元覆盖一个固定的模型网格，在给定时间段内，通过解决每个单元边界内传输和每个单元内的化学变换来计算每个网格单元内的质量平衡。CMAQ 模型包括气象化学接口模块（MCIP）、初始条件模块（ICON）、边界条件模块（BCON）、化学机制编译器（CHEMMECH）、CMAQ 化学传输模块（CCTM）等。CMAQ 模型需要输入两种主要数据类型：气象场、污染源排放清单。SMOKE-WRF-CMAQ 工作技术流程见图 1-2。

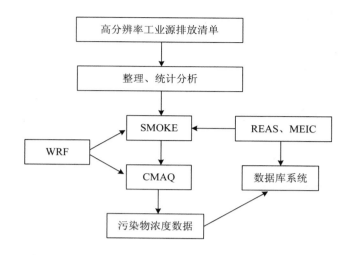

图 1-2 SMOKE-WRF-CMAQ 工作技术流程

气象场（如温度、风、云、降水率等）是大气污染物在环境中的驱动力，通过中尺度气象模式提供的网格气象数据，构成了所有三维空气质量模型的基础。常用的气象模型包括 MM5、WRF 等，上述气象模型决定了 CMAQ 模型需要如下参数信息：

（1）水平网格坐标系统（如经纬度）和地图投影（如兰伯特投影）。

（2）水平网格分辨率（即构成网格的单元格大小）。

（3）网格的最大空间覆盖（水平地理范围）。

（4）最大垂直网格范围（模型顶部高度）。

（5）时间范围（开始和结束日期、时间以及气象更新频率）。

CMAQ 模型在处理排放源信息时，没有独立的模块，需要依赖外部程序估算污染源的排放量大小、位置、时间变化。目前应用较广的排放清单处理模块是 SMOKE 模型。排放清单处理模块需要确保排放物输入必须在相同的水平和垂直空间尺度上，并且覆盖与空气质量模型模拟中使用的相同时间段。排放清单还必须用 CMAQ 模型支持的化学参数来表示挥发性有机化合物（VOCs）排放。目前，支持的光化学机制包括碳键（CB）机制、全州空气污染研究中心（SAPRC）机制、区域大气化学机制（RACM）。

CMAQ 模型是一个开源的区域模型，采用标准化的建模架构，具有可扩展性，如使用输入/输出应用程序编程接口（I/O API）库，对模型的内部和外部数据流进行控制；用网络通用数据表单（NetCDF）对输入和输出文件格式来控制。

1.1.4 CAMx

CAMx（Comprehensive Air Quality Model With Extensions，扩展综合空气质量模型）

在我国大气环境领域应用较广，CAMx 是 ENVIRON 公司开发的基于"一个大气"理念的三维欧拉数值模型（开源系统），属于第三代空气质量模型。CAMx 可基于 MM5、WRF 等气象场，读取源前处理模型（SMOKE 等）的数据，模拟大气污染物的扩散、沉降、光化学反应等过程，具有臭氧源分配技术（OSAT）、颗粒物源分配技术（PSAT）等功能。PSAT 可获取有关颗粒物生成（或排放）和消耗的信息，统计不同地区、不同种类的污染源排放以及初始条件和边界条件对颗粒物生成的贡献量，除能对一次颗粒物进行示踪外，PSAT 还可以通过追踪二次颗粒物的化学变化过程，对二次颗粒物进行源贡献分析。OSAT 可针对不同地区、不同种类的污染源排放臭氧前体物（NO_x、VOCs 等）进行示踪，定量分析臭氧的来源贡献。由于篇幅原因，本书仅介绍 CAMx 在我国的案例应用。

1.1.5　RegAEMS

RegAEMS（Regional Atmospheric Environment Modeling System，区域大气环境模拟系统）由南京大学开发。该模式最初是由 1994 年的 NJUADMS 酸雨模式发展而来，主要用于计算 SO_2、NO_x、SO_4^{2-}、NO_3^- 等大气污染物浓度和酸沉降量。2000 年进一步对化学过程做合理简化，建立不同条件下大气化学转化率的数据库，并对液相化学和湿清除过程进行了参数化处理，这样得到的 RegADMS 模式既考虑了大气化学过程的非线性，又具有较高的计算效率，可以用来模拟计算季或年等较长时间尺度的区域大气污染物浓度和酸沉降分布。2008 年以后，在 RegADMS 基础上又加入了无机气溶胶、沙尘气溶胶、海盐气溶胶、二次有机气溶胶、汞化学、甲烷排放、有机胺化学等多个模块，增加了支持 MM5、WRF、TAPM 等气象模式输出数据的接口，支持多层嵌套网格，形成现在的 RegAEMS，并与受体模型 CMB 相结合，具备了第三代空气质量模式的主要特征，可用于区域大气复合污染模拟、大气污染来源解析和空气质量预报。目前，RegAEMS 模式已成功应用于 2013 年南京亚青会、2014 年南京青奥会、2016 年 G20 峰会、2018 年青岛上合峰会、2019 年青岛海军节等重大活动的空气质量保障。

1.1.6　NAQPMS

NAQPMS 模型（Nested Air Quality Prediction Modeling System，嵌套网格空气质量预报模式系统）是中国科学院大气物理研究所历经 20 余年持续攻关开发的集多污染类型和多尺度为一体的欧拉型三维空气质量预报模型系统，涵盖平流、对流、湍流、沉降以及气相化学、液相化学和非均相化学等影响污染物的理化过程。通过开发并集成多尺度空气质量数值模拟技术、多元同化反演、集合预报技术和精细溯源追踪技术，形成了全球—区域—城市群--城市复合污染（沙尘、酸沉降、可吸入颗粒物 PM_{10}、细颗粒物 $PM_{2.5}$、能见度、臭氧、核泄漏、大气汞等）的全尺度嵌套耦合模拟预报技术体系，并兼容国内外主流的高性能计算机集群，采用并行计算技术解决预报时效性难题，实现未来 7～14 天空气质量的精细化预报，同时具备污染物来源追因、监测数据实时同化、快速识别和反演大气污染源排放的短期变化、污染源应急减排情景模拟和大气环境容量计算等能力。NAQPMS 可为空气质量成因分析、未来预报预测、重污染应急管理以及环境规划等大气污染治理科学决策提供一体化管理工具。

为了提高空气质量预报准确率，NAQPMS 采用"构建同化系统—确定关键误差来源—优化关键预报因子—筛选集合成因"研究思路，发展了一种基于拉丁超立方抽样、蒙特卡罗模拟技术和多元线性回归的模式敏感性和不确定性分析方法，能同时对上百个模式变量进行分析，提供模式变量敏感性、不确定性大小及其误差来源等关键信息；考虑大气复合污染中特有的多污染物间的高度非线性反馈特征，集成蒙特卡罗不确定性分析方法和集合卡尔曼滤波同化算法，研制了新一代大气化学资料同化系统（IAP/LAPC ChemDAS），实现了动态优化浓度场、跨物种同化、污染源反演以及一次和二次污染物协同约束同化，解决了二次污染物及其前体物观测资料协同同化难题。

1.1.7　AERMOD

AERMOD（AMS/EPA Regulatory Model，美国气象协会和环保局法规模型）模型系统是美国国家环境保护局（USEPA）推荐用于模拟污染物输送、转化的法规模型，也是我国《环境影响评价技术导则　大气环境》（HJ 2.2—2018）推荐的预测模型之一。AERMOD 模型系统由 AERMOD（扩散模型）、AERMET（气象数据预处理器）和 AERMAP（地形数据预处理器）3 个模块构成。AERMOD 模型适用于农村或城市地区等多种排放扩散情形的模拟和预测，其模拟范围小于或等于 50 km。

1.1.8　CALPUFF

CALPUFF（California Puff Model，加利福尼亚烟团模型）为三维非稳态拉格朗日扩散模型系统，与传统的稳态高斯扩散模式相比，能更好地处理长距离污染物输送（50 km 以上的距离）。20 世纪 80 年代末，CALPUFF 由美国西格玛研究公司（Sigma Research Corporation）开发。2006 年 4 月，CALPUFF 版权转移到美国 TRC 公司。2014 年 6 月，CALPUFF 转由美国 Exponent Inc.维护。CALPUFF 是美国国家环境保护局长期支持开发的法规导则模型，中国《环境影响评价技术导则　大气环境》中以推荐模型清单方式引进CALPUFF，在国内环评工作中得到了广泛应用，获得了良好的效果。目前已经有 100 多个国家在使用 CALPUFF 模型，并被多个国家作为法规模型。

针对 CALPUFF 模型运算量大、运行计算效率低等问题，作者带领团队，组织解决关键技术难题，基于模型参数分析、并行规则研究等成果，首次开发了基于天河一号的高性能集群的 CALPUFF 并行计算系统（见图 1-3）。该系统提高了 CALPUFF 模型运算速度，速度比串行计算提高了 100 多倍。为大气环境规划、大气环境影响评价以及大气环境管理工作提供了基础数据支持和技术支撑，在环评、科研等领域得到了广泛应用，节约了大量经费，产生了巨大的经济效益和社会效益，获得了环评单位、科研院所的一致好评。

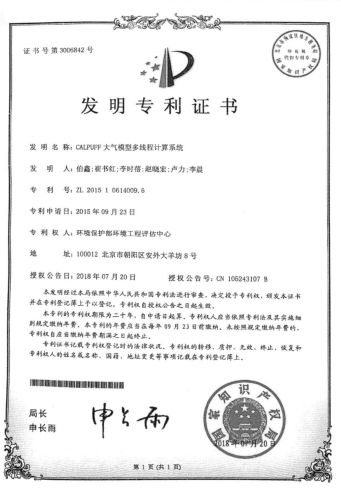

图 1-3　发明专利 CALPUFF 大气模型多线程计算系统（专利号：ZL 201510614009.6）

1.2　模型参考手册及文献

（1）SMOKE、WRF、CMAQ、CAMx 等模型学习交流群（QQ 群：53427453、584161077）。

（2）微信公众号：大气污染模拟。

（3）模型在线计算服务网址：http://www.ieimodel.org/。

（4）国家环境保护环境影响评价数值模拟重点实验室：http://www.lem.org.cn/。

（5）空气质量模型书籍：可搜索《CALPUFF 模型技术方法与应用》（ISBN：9787511127143）、《空气质量模型：技术、方法及案例研究》（ISBN：9787511134080）等。

（6）WRF 手册：http://www2.mmm.ucar.edu/wrf/users/docs/user_guide_V3/contents.html。

（7）SMOKE、CMAQ 模型源代码及手册：https：//www.cmascenter.org/。

（8）CAMx 模型源代码及手册：http://www.camx.com/。

（9）模型在线课题：https：//calpuff.ke.qq.com/。

（10）气象家园论坛：http://bbs.06climate.com/forum.php。

第 2 章
源前处理模型安装

2.1 SMOKE 模型

2.1.1 SMOKE 模型简介

SMOKE 模型是大气污染源排放清单前处理模型，主要作用是为空气质量模型模拟及预报提供专业的排放源前处理。SMOKE 模型是排放源处理系统，而非排放源清单整理系统，它有两个显著的优势：一是与其他以运算法则为基础的处理系统相比效率高得多，且更为快速和灵活；二是 SMOKE 模型的输出结果可以直接整合成空气质量数值模型如 CMAQ 等可以识别的数据格式。SMOKE 模型发展始于 1996 年，在 1998—1999 年被重新设计以支持 USEPA 设计并推荐使用的 Models-3 系统，随同 CMAQ 空气质量模型一起发布。SMOKE 模型中主要的处理程序考虑化学物种分配机制、空间分配、时间分配、污染源控制策略模拟及未来排放情景预测等过程，采用稀疏矩阵方式（sparse matrix approach）进行运算，整个排放源处理过程都转化为一个独立矩阵，具有高效计算的特点。SMOKE 模型的主要功能是处理排放源资料数据，将排放数据内插到模式网格点上，并根据排放源的季变化和日变化规律，将年排放资料转化为每小时排放源强度。SMOKE 模型可以处理点源、面源、移动源和生物源排放数据。排放清单数据文件是 SMOKE 模型排放模型重要的输入文件，这些排放清单文件所包含的数据称为污染源排放清单。SMOKE 模型本身对清单文件的数据类型并没有特别要求，但是很多空气质量模型需要特定类型的输入数据，因此 SMOKE 模型需要使用特定的污染物清单数据来满足空气质量模型的数据输入需求。SMOKE 模型可处理 CO、NO_x、VOCs、NH_3、SO_2、PM_{10} 和 $PM_{2.5}$ 等污染物排放数据，可以处理点源、面源、移动源、生物源等不同源类数据，还可以处理 CB-IV、CB-IV+颗粒物、RADM2、RADM2+颗粒物、CB-IV+有毒物质等化学机理。

2.1.2　SMOKE 模型编码规则

合理的编码规则是污染源排放数据整理的关键，也是 SMOKE 模型进行源排放数据处理的基础，SMOKE 模型针对排放过程各个对象（排放管理单位、行业、种类等）都以编码的形式表征，其中最重要的编码是排放管理单位及排放类别编码。一般排放管理单位以行政区划为基础，SMOKE 模型在 USEPA 支持下开发，其行政编码体系以 5 位的美国联邦标准编码（U.S. Federal Implementation Planning Standards，FIPS）为基础。FIPS 码采用州—县二级行政单元，前 2 位为州（state）行政区码，后 3 位为区县（county）行政区码，在此基础上，SMOKE 模型添加一位国家代码，以 6 位数字形式表征行政管理区。依据 SMOKE 模型中 6 位数字编码规则，以第 1 位表征国家。例如，在编制国家代码时，可将亚洲国家编码分三类：第一位数字代码 1 为中国，考虑到区县级编码；代码 2 为韩国，考虑到郡一级行政区划；代码 3 表示其他国家，以第 2—3 位表征国家编码，并将每个国家统一为一个行政区，第 4—6 位统一为 000，在未来追加考虑其情景时，再划分行政区，以第 4—6位三位数字编码加以区分。在未来情景中，依然可较方便地通过扩展编码体系第一位数值编码（4—9）追加考虑行政区域较复杂的国家和地区。我国行政编码采用省—地—县三级行政编码体系，采用 6 位数字形式表征，前两位表征所属省份，3—4 位表征地级行政区，5—6 位表征县级行政区。针对于此，在遵循 SMOKE 模型 6 位编码规则的前提下，可以以第 1 位编码表征国家，如中国代码为 1；第 2—3 位表征省份；第 4 位为地级市/区县识别码，编号 0—8 为区县码，编号 9 用来表征地级行政区。在此编码体系下，每一省份有 899个区县行政单元容量（后三位编号 001—899 位都可以用来表征区县，000 表征该省份整体行政管理区），同时有 99 个地级行政单元容量。

除排放管理区编码外，行业编码也是 SMOKE 模型编码体系的重要组成部分，往往与排放源的时空分配规律、化学物种分配等机制关联，通过 SCC 码的形式进行表征。本书将在后面的章节介绍使用到的 SCC 码，主要参考 USEPA 的 SCC 命名规则，面源采用 10位编码，点源采用 8 位编码，而机动车源采用以 22 开头的 10 位编码。SMOKE 模型排放清单面源和机动车源 INV 文件以排放管理区与表征行业的 SCC 码组成唯一标识码，标识所有地区不同行业排放清单，组成一个基本排放单元；点源 INV 文件统一建立唯一标识码，通过排放管理区进行管理更新，结合点源数据特点，如数据来源及其排放管理区属性可建立 6 位标识码进行标记。

2.1.3　SMOKE 模型目录及文件结构

SMOKE 模型的运行处理过程涉及各种程序和文件的嵌套和整合，故确保程序和文件所在目录路径的准确性非常重要。Linux 操作系统 csh/tcsh 下环境变量设置如下：

setenv $SMK_HOME <your selected directory for SMOKE>

其中$SMK_HOME 为环境变量，用以代表用户所定义的具体路径，例如：

setenv $SMK_HOME /home/smoke/

上述设置表示环境标量$SMK_HOME 代表路径为/home/smoke/。

2.1.4　SMOKE 模型输入数据格式

在将数据输入 SMOKE 模型处理之前,先要将数据转换成 SMOKE 模型可识别的格式，主要有 IDA 和 ORL 两种，一般情况下，标准化合物用 IDA 格式，有毒化合物用 ORL 格式。本书主要介绍 IDA 格式。

2.1.4.1　面源 IDA 格式

具体数据格式见表 2-1。

表 2-1　面源的 IDA 格式

位置	字段名称	数据类型	字段解释
1—2	STID	Int	州代码（必填）
3—5	CYID	Int	县代码（必填）
6—15	SCC	Char	SCC（必填）
16—25	ANN1	Real	污染物 1 年排放量（ton/a）（必填）
26—35	AVD1	Real	污染物 1 日排放量（ton/d）（可选）
36—46	EMF1	Real	污染物 1 排放因子（SCC 单位）（SMOKE 模型不用该字段）
47—53	CE1	Real	污染物 1 控制效率（赋值 0~100）（可选；如果留空，SMOKE 模型默认为 0）
54—56	RE1	Real	污染物 1 规则有效性（赋值 0~100）（可选；如果留空，则 SMOKE 模型默认为 100）
57—62	RP1	Real	污染物 1 规则渗透性（赋值 0~100）（可选；如果留空，则 SMOKE 模型默认为 100）
			重复污染物 n

注：1 ton（短吨）=907.184 74 kg。

2.1.4.2　点源 IDA 格式

具体数据格式见表 2-2。

表 2-2　点源 IDA 格式

位置	字段名称	数据类型	字段解释
1—2	STID	Int	州代码（必填）
3—5	CYID	Int	县代码（必填）
6—20	PLANTID	Char	企业识别代码（必填）
21—35	POINTID	Char	点源识别码（推荐）
36—47	STACKID	Char	烟囱识别码（推荐）
48—53	ORISID	Char	DOE 工厂 ID（推荐，需要匹配小时在线监测数据）
54—59	BLRID	Char	锅炉识别码（推荐）
60—61	SEGMENT	Char	DOEID（推荐）
62—101	PLANT	Char	工厂名称（推荐）
102—111	SCC	Char	SCC（必填）
112—115	BEGYR	Int	工厂开始运营年份（SMOKE 模型不使用）
116—119	ENDYR	Int	工厂结束运营年份（SMOKE 模型不使用）
120—123	STKHGT	Real	烟囱高度（ft）（必填）
124—129	STKDIAM	Real	烟囱直径（ft）（必填）
130—133	STKTEMP	Real	烟囱排口的温度（°F）（必填）
134—143	STKFLOW	Real	烟气量（ft³/s）（可选；如果没有在文件中给出，由 Smkinven 根据烟气流速和直径自动计算出来）
144—152	STKVEL	Real	出口流速（ft/s）（必填）
153—160	BOILCAP	Real	设计容量（MMBtu/h）（SMOKE 模型不使用）
161—161	CAPUNITS	Char	容量单位代码（SMOKE 模型不使用）
162—163	WINTHRU	Real	冬季占全年生产量的比例（%）（SMOKE 模型不使用）
164—165	SPRTHRU	Real	春季占全年生产量的比例（%）（SMOKE 模型不使用）
166—167	SUMTHRU	Real	夏季占全年生产量的比例（%）（SMOKE 模型不使用）
168—169	FALTHRU	Real	秋季占全年生产量的比例（%）（SMOKE 模型不使用）
170—171	HOURS	Int	正常工作时间（h/d）（SMOKE 模型不使用）
172—173	START	Int	正常运行开始时间（SMOKE 模型不使用）
174—174	DAYS	Int	正常工作时间（d/周）（SMOKE 模型不使用）
175—176	WEEKS	Int	正常工作时间（周/a）（SMOKE 模型不使用）
177—187	THRUPUT	Real	生产率（SCC 单位/a）（SMOKE 模型不使用）
188—199	MAXRATE	Real	最大臭氧浓度季节率（单位/d）（SMOKE 模型不使用）
200—207	HEATCON	Real	热含量（MMBtu/SCC 单位）（SMOKE 模型不使用）
208—212	SULFCON	Real	硫含量（质量百分比）（SMOKE 模型不使用）
213—217	ASHCON	Real	灰分含量（质量百分比）（SMOKE 模型不使用）
218—226	NETDC	Real	铭牌最大容量（MW）（SMOKE 模型不使用）
227—230	SIC	Int	标准工业分类代码（SIC）（必填）
231—239	LATC	Real	纬度（十进制度）（必填）
240—248	LONC	Real	经度（十进制度）（必填）
249—249	OFFSHORE	Char	（如果排放源是离岸的，请填写"X"）（SMOKE 模型不使用）
250—262	ANN1	Real	污染物 1 年排放量（ton/a）（必填）

位置	字段名称	数据类型	字段解释
263—275	AVD1	Real	污染物 1 日排放量（ton/d）（可选）
276—282	CE1	Real	污染物 1 控制效率（赋值 0～100）（推荐；如果留空，SMOKE 模型默认为 0
283—285	RE1	Real	污染物 1 规则有效性（赋值 0～100）（推荐；如果留空，则 SMOKE 模型默认为 100）
286—295	EMF1	Real	污染物 1 排放因子（SCC 单位）（SMOKE 模型不使用）
296—298	CPRI1	Int	污染物 1 的初级污染控制代码（SMOKE 模型不使用）
299—301	CSEC1	Int	污染物 1 的二级污染控制代码（SMOKE 模型不使用）
		重复污染物 *n*	

注：1 ft（英尺）=0.304 8 m；1 MMBtu（百万英热单位）=2.52×10^5 kcal。

2.1.4.3　CEM 格式

SMOKE 模型可以使用连续在线监测点源数据格式，通过 ORIS 的 ID 号和锅炉 ID 号来匹配 CEM 小时源清单数据和年均源清单数据。CEM 小时数据的时间是当地标准时间，不需要调整。SMOKE 模型中读取的 CEM 小时源清单数据格式见表 2-3。

表 2-3　CEM 数据格式

位置	字段名称	数据类型	字段解释
A	ORISID	Char（6）	DOE 工厂 ID（必填）（应与 IDA 格式的 PTINV 文件中的相同字段匹配）
B	BLRID	Char（6）	锅炉识别码（必填）（应与 IDA 格式的 PTINV 文件中的相同字段匹配）
C	YYMMDD	Int	年月日格式的日期（必填）
D	HOUR	Integer	小时值（0～23）
E	NOXMASS	Real	氮氧化物排放量（lb/h）（必填）
F	SO2MASS	Real	二氧化硫排放量（lb/h）（必填）
G	NOXRATE	Real	氮氧化物排放速率（不用于 SMOKE 模型）
H	OPTIME	Real	运行设备的小时数（可选）
I	GLOAD	Real	总负荷（MW）（可选）
J	SLOAD	Real	蒸汽负荷（1 000 lb/h）（可选）
K	HTINPUT	Real	热输入（MMBtu）（必填）
L	HTINPUTMEASURE	Character（2）	测量或替换的代码编号，不用于 SMOKE 模型
M	SO2MEASURE	Character（2）	测量或替换的代码编号，不用于 SMOKE 模型
N	NOXMMEASURE	Character（2）	测量或替换的代码编号，不用于 SMOKE 模型
O	NOXRMEASURE	Character（2）	测量或替换的代码编号，不用于 SMOKE 模型
P	UNITFLOW	Real	锅炉烟气流量（ft³/s）（可选）

2.1.5　我国点源数据格式前处理

目前国内有关全国范围的污染源清单研究大多采用估算方法，缺少污染源细致的时间分布和空间分布信息，尤其缺少大点源污染排放量的连续变化信息，存在着较大的不确定性。而输入空气质量模型的火电污染源清单的分辨率、来源、精确度、计算方法等将直接影响相关研究工作结果的科学性、可比性及可信性。因此，为了更好地规范污染源排放清单建设，提高大气环境规划、大气污染扩散模拟等工作所需污染源数据的精度，需要整理、挖掘和分析包括环评基础数据库、重点点源连续在线监测数据库、污染源普查数据库以及其他相关的源排放统计数据资料，建立相关指标体系，并根据污染源清单前处理模型（SMOKE）的数据要求进行数据格式转换和排放数据标准化处理，建立可直接供空气质量数值模型使用的规范化的污染源排放清单。

以火电行业源排放为例，建立火电行业源清单需要调查企业基本信息、排放口参数、污染物排放量三类指标。由于火电厂大气污染主要来自点源，因此全国火电排放源清单建设仅考虑点源排放情况。企业基本信息指标包括污染源编码、污染源名称、污染源编号、行政区划编码、污染源规模编码、流域编码、污染源地址、是否 30 万 kW 电厂、总占地面积、更新时间、生产状态等；排放口参数指标包括排放口编码、排放口名称、大气功能区类型编码、排放口编号、排放口位置、排放口高度、出口内径、经度、纬度、排放规律编码、燃料分类编码、燃烧方式编码、是否"两控区"、"两控区"类型、废气排放口类型编码等；污染物排放量参数指标包括污染物编码、时间、排放浓度、排放量、温度、排放速率等。

编码系统是进行污染源清单数据前处理、统计分析和管理的重要基础。良好的编码系统有助于提高源清单数据的管理及统计分析效率和准确性，是保证源清单的完整性、一致性的重要手段，也是进行污染源清单前处理的必要条件。由于我国行政区划分为国家、省、市、县 4 个层次，与美国 3 个层次的行政区划不同，且我国各行业点源的燃料类型、除污工艺、除污效率等各项参数和美国都不完全相同，因此不能直接套用美国的源清单编码系统，需要根据我国的实际情况创建新的污染源清单编码系统。在编码系统创建的过程中要充分借鉴我国邮政编码、行政区划编码等各编码系统，考虑控制工艺、控制效率、燃料类型等各种参数，确保编码系统能与我国现行行政区划编码系统基本保持一致，并能充分反映与源清单相关的各种基本参数信息，此外还必须保证编码系统的无缝升级更新。通过参考全国重点污染源在线监测的数据编码规则，编制重点点源污染源规范包括：污染物编码规则、流域编码规则、SMOKE 模型地区代码编码规则、气体类型编码规则、燃烧方式编码、排放规律编码等。SMOKE 模型中地区代码分为 3 段，输入 SMOKE 模型的编码定义为国家代码（1 位）、省级代码（2 位）、县代码（3 位）（见表 2-4）。例如，将国家代码设为 0，河北省代码参考我国行政区划代码为 13，县代码由 1 依次往下排序。

表 2-4　行政区域代码编制规则

行政区域代码		SMOKE 模型地区代码编码规则
130000	河北省	—
130101	石家庄市市辖区	013001
130102	长安区	013002
130103	桥东区	013003
130104	桥西区	013004
130105	新华区	013005
130107	井陉矿区	013006
130108	裕华区	013007
130121	井陉县	013008
130123	正定县	013009
130124	栾城县	013010
……	……	……

（1）区域代码

一般排放管理单位以行政区划为基础，SMOKE 模型在 USEPA 支持下开发，其行政编码体系以 5 位的美国联邦标准编码为基础。FIPS 码采用州—县二级行政单元，前 2 位为州（state）行政区码，后 3 位为区县（county）行政区码，在此基础上，SMOKE 模型添加一位国家代码，以 6 位数字形式表征行政管理区。依据 SMOKE 模型中 6 位数字编码规则，以第 1 位表征国家。

在编制国家代码时，数字代码 8 为中国，时区为 GMT。考虑到区县级编码，我国行政编码采用省—地—县三级行政编码体系，采用 6 位数字形式表征，前两位表征所属省份，3—4 位表征地级行政区，5—6 位表征县级行政区（国家基础地理信息系统网，1999）。针对于此，在遵循 SMOKE 模型 6 位编码规则的前提下，将编码定义为国家代码（1 位）、省级直辖市代码（2 位）、地级市代码（3 位）。其中行政区域市代码 1 位格式为 0Y0，2 位格式为 YY0，在此编码体系下，有 999 个地级行政单元容量（见图 2-1～图 2-3）。

```
#POPULATION 2000
/COUNTRY/
0 US
1 CANADA
2 MEXICO
3 CUBA
4 BAHAMAS
5 HAITI
6 DOMINICANREPUBLIC
7 Japan
8 China
```

图 2-1　国家代码（代码设为 8）

```
/STATE/
    11BJ Beijing              T GMT
    12TJ Tianjing             F GMT
    13HB Hebei                F GMT
    14SX Shanxi               T GMT
    15NM Neimeng              F GMT
    21LN Liaoning             F GMT
    22JL Jilin                T GMT
    23HL Heilongjiang         T GMT
    31SH Shanghai             T GMT
    32JS jiangsu              T GMT
    33ZJ Zhejiang             T GMT
    34AH Anhui                F GMT
    35FJ Fujian               F GMT
    36JX Jiangxi              T GMT
    37SD Shandong             T GMT
    41HN Henan                T GMT
    42UB Hubei                T GMT
    43UN Hunan                T GMT
    44GD Guangdong            T GMT
    45GX Guangxi              T GMT
    46AN Hainan               T GMT
    50CQ Chongqing            T GMT
    51SC Sichuan              T GMT
    52GZ Guizhou              T GMT
    53YN Yunnan               T GMT
    61HX Shannxi              T GMT
    62GS Gansu                F GMT
    63QH Qinghai              T GMT
    64NX Ningxia              F GMT
    65XJ Xinjiang             T GMT
    66BT Xinjiangbt           T GMT
```

图 2-2　省级直辖市代码

```
/COUNTY/
    beijingshixiaqu       811010        GMTx
    beijingshixian        811020        GMTx
    tianjinshishixi       812010        GMTx
    tianjinshixian        812020        GMTx
    shijiazhuangshi       813010        GMTx
    tangshanshi           813020        GMTx
    qinhuangdaoshi        813030        GMTx
    handanshi             813040        GMTx
    xingtaishi            813050        GMTx
    baodingshi            813060        GMTx
    zhangjiakoushi        813070        GMTx
    chengdeshi            813080        GMTx
    cangzhoushi           813090        GMTx
    langfangshi           813100        GMTx
    hengshuishi           813110        GMTx
```

图 2-3　地级市代码

（2）企业编码、点源编码

规则与在线监测原始数据编码规则一致。编码方案见表 2-5。由 12 位码进行标识，结构为：9 位数字地址码+3 位数字顺序码。

表 2-5　在线污染源（CEMS）编码规则样例

污染源名称	污染源编码	排口编号
××有限公司××热电分公司	110105000010	183

（3）SCC

除排放管理区编码外，行业编码也是 SMOKE 模型编码体系的重要组成部分，往往与排放源的时空分配规律、化学物种分配等机制关联，通过 SCC 码的形式进行表征，SCC 码主要参考 USEPA 的 SCC 命名规则。SMOKE 模型排放清单面源和机动车源 INV 文件以排放管理区与表征行业的 SCC 码组成唯一标识码，标识所有地区不同行业排放清单，组成一个基本排放单元；点源 INV 文件统一建立唯一标识码，通过排放管理区进行管理更新，结合点源数据特点，如数据来源及其排放管理区属性可建立 6 位标识码进行标记。

全国重点污染源在线监测的企业污染排放数据，主要为实时监控数据（流速、流量、排放量等）和历史监控数据（小时数据、日数据、月数据等），将烟气连续监测系统数据转换为 SMOKE 模型标准输入 CEM 格式（逐小时），以提高火电污染源排放清单的分辨率和精确度。烟气高度、直径、温度等参数，主要来源于污染源在线监测数据。对于缺少这部分参数数据的点源，可先采用查询环境影响评价和验收调查资料来获取。若仍存在参数缺失，则根据在线监测的烟气流速、烟气浓度、排放量、装机容量等数据进行计算，并通过相关的锅炉和烟囱的设计标准来验证。由于某些企业为不连续排放（某些月份无数据），如热电企业存在季节性排放或者存在检修情况。如何区分空白/异常数据为季节性排放还是仪器故障造成的数据丢失，可通过环境影响评价和验收调查数据进行查询、计算、类比，以校核火电污染源在线监测数据。

坐标定位是构建点源污染排放清单的重要内容之一，可采用原始信息查询、行政区划编码定位、邮政编码定位、地图定位等方式来定位（首先根据其数据库中的位置资料定位）：

①原始信息查询：根据环评基础数据库中的全国重点污染源在线监测、环境影响评价、验收调查等信息进行查询，可获得原始记录的火电企业经纬度信息，采用该方式定位较为精确。

②地图定位：根据环评基础数据库中记录的火电企业地址文字信息和联系方式，通过 Google Map、Google Earth 等地图搜索引擎来查询火电企业位置，并联系企业相关负责人核对相关信息。

③行政区划编码和邮政编码定位：若通过①、②定位方法，火电排口坐标定位还存在空白值或异常值（坐标点超出了所在的县市区域范围或者在江河湖海等特殊位置），则通过环评基础数据库中火电企业所属的行政区划、邮政编码等信息，来修正火电企业排口经纬度信息，将其坐标定位到所属行政区划、邮政编码位置的中心区。

针对我国国情和 SMOKE 污染前处理模型的需求，对点源建立排放类型的空间映射（surrogate file），包括月、周（工作日与周末）、日（24 h）的时间变化曲线及物种分配等中间数据矩阵和编码规范。建立输出标准中间数据和最终输出文件格式。将全国在线监测、环境影响评价、验收调查中的火电污染源数据转换为 SMOKE 模型标准格式，SMOKE 模型处理结果以 NetCDF 格式和 CSV 数据格式输出。环评基础数据库中的火电污染源在线监测数据、环评数据、验收调查数据格式与 SMOKE 模型格式并不完全相同，因此在数据转换之前，需要首先对数据库中的火电污染源格式进行转换，确保所有点源数据格式完全一致。污染源清单的前处理过程包括时间分配、空间分配和污染源类型归类等处理程序。点源清单数据以经纬度表示空间坐标点，经空间分配处理程序，可直接映射到不同投影和精度的模式计算网格。对点源清单数据的时间分配一般根据典型点源的时间变化曲线将年均排放总量分配到各月，再分配到各天并进一步分配到各小时。

2.1.6　SMOKE 模型源排放处理基本流程

污染源前处理是空气污染模型模拟的基础，空气污染模型污染源前处理研究的主要内容是面源、点源、机动车源以及天然源等的空间、时间和物种分配，以及数据格式转换。SMOKE 模型主要功能是完成污染源清单中面源的空间映射分配、点源的前处理以及天然源的前处理，输出空气污染模型可识别的源清单数据。

SMOKE 模型基本处理流程：①输入基本单位排放清单；②考虑排放源的增长/控制策略；③通过物种对应关系将排放清单物种分摊、转化映射到空气质量模型化学机制物种；④通过时间分配的方式考虑不同类型排放源排放变化规律；⑤依据不同类型排放源空间分配属性，如人口分布、锅炉分布等属性，网格化排放清单到模式区域；⑥根据不同空气质量模型数据格式需求提供不同格式排放清单。

2.1.7　SMOKE 模型点源数据处理

污染源排放清单数据中的点源主要为工厂企业的烟气排放，点源污染排放量一般都较大，且需要考虑烟气抬升过程。SMOKE 模型将逐年、逐日或逐时的点源排放转化为网格点逐时排放数据。点源空间分配包括水平分配、垂直分配。因而，点源排放调查清单需要烟囱高度、烟气温度、烟气流速等点源基本信息，对缺失信息的点源依据行业类型采用 SMOKE 模型行业点源默认值。

SMOKE 模型以两种方式模拟烟流上升过程：截除法和分层比例法。多数模型系统采用后者，以 Laypoint 模块为基础，结合 MM5 或 WRF 等模拟的气象场资料计算烟流抬升高度，由烟流扩散公式计算烟流顶层高度及底层高度，依据气象模拟输出的大气压等气象资料求得分层比例，实现排放量的垂直分层，从而获得具有垂直空间分布的网格化三维排放源数据。气象数据通过 MCIP 模块从 MM5 或 WRF 气象模型结果获取（见图 2-4）。

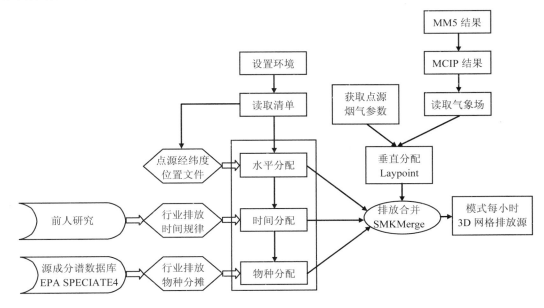

图 2-4　SMOKE 模型点源处理流程

与面源处理系统不同，点源处理过程需要有 MM5 或 WRF 等中尺度气象模型模拟的气象资料数据，最终生成网格化三维点源文件，并转化成统一格式，供下一步不同处理过程排放源合并使用。

点源因为有固定的经纬度信息，不需要经过空间分配处理，但点源一般是类似烟囱的高架固定源，点源污染源在空中有扩散过程，与点源所在位置的气象条件有很大关系，同时因湍流和扩散的作用，点源在不同高度上也不相同。因此，点源需要根据气象条件进行高度、水平和时间上的分配。对点源的处理是借助于 SMOKE 模型实现的，也需要经过一系列复杂的处理过程。

2.1.8　SMOKE 模型面源数据处理

在 SMOKE 模型中，面源采用"自上而下"统计—分摊的方式处理，考虑不同类型排放面源的时间及空间分配，处理过程独立于气象模式，无须气象数据输入。在物种分配和转化上，SMOKE 模型依据物种分配矩阵将排放清单物种 pollutant 分配、转化到所使用的化学机制对应物种 itype，conv 为不同行业从 pollutant 到 itype 的比例、转化系数：

$$INV_{itype}(iCounty,iscc)=INV_{pollutant}(iCounty,iscc)\times conv_{iscc}(pollutant,itype)$$

时间上，SMOKE 模型采用 temporal 模块考虑不同行业面源时间变化规律，假定人为排放源排放规律可分离为独立的年变化、周变化和日变化，即有：

$$S_{itype}(iCounty, iscc, itime) = INV_{itype}(iCounty, iscc) \times temp_{iscc}(itime)$$

$$S_{itype}(iCounty, iscc, itime) = INV_{itype}(iCounty, iscc) \times f_{iscc}(imonty) \times f_{iscc}(iwday) \times f_{iscc}(ihour)$$

式中，INV_{itype} 为排放清单基本单元；时间 itime 可分为 imonth、iwday 和 ihour，imonth 表示模拟时刻所在月份，iwday 表示星期几，是否为工作日，ihour 表示小时；而 $f_{iscc}(imonth)$、$f_{iscc}(iwday)$、$f_{iscc}(ihour)$ 分别为不同行业人为排放源可分离的年变化、周变化及日变化因子，以此为基础在模型中描述不同类型面源排放时间变化规律。

空间上，SMOKE 模型中基本排放单元由排放管理区与行业 SCC 码组成，排放管理区可以是区县一级，也可以是地级市，或是省份，甚至国家这一较大行政区域。假定排放管理区为区县 County(i)，在模式某一网格 Grid(j)的区域为 A(i,j)，则有：

$$A(i,j) = Grid(j) \cap County(i) \quad i = 1,2,3, \dots, T_{County} \quad j = 1,2,3, \dots, T_{Grid}$$

T_{County} 为空间内区县总数，T_{Grid} 为空间内网格总数，则同时有：

$$\sum_{i=1}^{T_{Country}} A(i,j) = Grid(j)$$

$$\sum_{j=1}^{T_{Grid}} A(i,j) = County(i)$$

$$\sum_{j=1}^{T_{Grid}} \frac{A(i,j)}{County(i)} = 1$$

某一时刻 itime 排放清单基本排放单元 itype 物种排放量记为 $S_e(County(i), iscc, itype)$，则区域 A($i,j$)iscc 行业 itype 物种排放量为 $S_e(County(i), iscc, itype) \times \dfrac{A(i,j)}{County(i)}$，则 iscc 行业 itype 物种在网格 Grid(j)排放总量 E (Grid(j)，iscc，itype)：

$$E(Grid(j), iscc, itype) = \sum_{i=1}^{T_{County}} S_e(County(i), iscc, itype) \times \frac{A(i,j)}{County(i)}$$

不同行业排放线性叠加，则 Grid(j)网格 itype 物种排放量：

$$Emis(Grid(j), itype) = \sum_{iscc=1}^{T_{scc}} \sum_{i=1}^{T_{County}} S_e(County(i), iscc, itype) \times \frac{A(i,j)}{County(i)}$$

区域 A 的权重因子即模式所考虑的空间分配因子：当区域 A 表征面积，$\dfrac{A(i,j)}{County(i)}$ 为区域 A(i,j)占 County(i)面积比例；当区域 A 表征人口，$\dfrac{A(i,j)}{County(i)}$ 为区域 A(i,j)的人口占区县 County(i)的百分比。采用人口和区域面积为主、结合其他空间分配属性考虑不同类型排放面源空间分布，优化面源处理，增加其分布合理性，尽可能减小空间分布误差。

SMOKE 模型面源处理方式为提高排放源空间分辨率提供了可能。当今卫星技术具有反演地面排放源的能力，但卫星观测大气成分的空间分辨精度相对较低，如 KNMI 的 SCIAMACHY 对流层 NO_2 柱浓度观测仪，空间分辨率 30 km×60 km，而针对高程、植被等其他要素，卫星数据空间精度较高，因此采用面源处理方式结合两种卫星数据，在将来有望可获得更高空间分辨率的排放清单，并提供给空气质量模型使用，改善模拟效果。

依据 SMOKE 模型面源基本运行流程（见图 2-5），实时生成网格排放面源，并转化成统一格式供下一步面源、点源及机动车源等不同排放源数据合并使用。

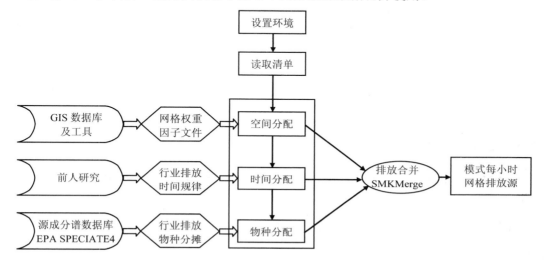

图 2-5　SMOKE 模型面源处理流程

面源是空气污染模型污染源前处理的重点环节，面源前处理的主要工作是面源空间映射分配关系的转换。空间分配是以某种分配因子的属性来完成空间映射关系的转换和分配的，通常所使用的分配因子有地理面积、人口分布、经济指标、能源消耗等。这项工作中使用的清华大学发布的污染源清单面源数据实际上已经完成空间关系的分配。但是，考虑到普遍适用性以及管理的需要，污染源清单数据通常是以等经纬度网格的格式发布的。空气质量模型的网格通常都是兰伯特投影下的等距离网格，因为投影方式以及网格分辨率的差异，以等经纬度网格存储的污染源清单数据也必须再次经过空间分配转换为空气污染模型区域网格所需要的数据格式。以行政区划为单位的污染源清单数据可通过空间映射关系直接分配到空气污染模型的区域网格上。VOCs 包含有多种挥发性有机物，在空气污染模型中不同的化学反应机制所需要的 VOCs 物种也不同。在 CMAQ 的 SAPRC99 化学反应机制中，共有超过 400 种 VOCs 物种。根据 CMAQ 的 SAPRC99 化学反应机制的需要，将 VOCs 污染源清单经过物种分配和空间分配后转换到模型区域网格上。

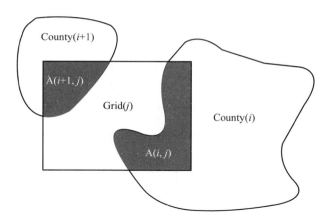

图 2-6　面源处理空间分配概念图

2.1.9　SMOKE 模型基本操作

SMOKE 源处理模型的全部操作过程分为 4 个部分：第 1 部分是 SMOKE 模型的安装；第 2 部分是 SMOKE 配置文件的修改和参数设置；第 3 部分是 SMOKE 模型的运行；第 4 部分是模拟结果查看。下面以 SMOKE 模型自带的 nctox 为例介绍 SMOKE 模型的具体操作流程。

2.1.9.1　SMOKE 模型的安装

（1）进入 CMAS 的网站注册并下载 SMOKE 模型的安装文件：http://www.cmascenter.org/index.html。

（2）按照下面的步骤来安装 SMOKE 模型：

①在 LINUX 操作系统中选定一个目录创建 SMOKE 模型的文件夹，将下载的文件"smoke_install.csh""smoke.Linux2_x86pg.tar.gz"和"smoke.nctox.Data.tar.gz"都保存在该文件夹中。

②进入该文件夹，设置环境变量：

setenv SMK_HOME <your selected directory for SMOKE installation>

为环境变量 SMK_HOME 设置一个固定的路径，将其作为根目录，例如：setenv SMK_HOME /Model/smoke。

③执行 smoke_install.csh 进行安装：./ smoke_install.csh。

2.1.9.2　输入文件

（1）Inventory Files

进入"nctox"目录并检查污染源输入数据文件，需要事先设置 SMKDAT 环境变量：

cd $SMKDAT/inventory/nctox

ls（查看）

cd point（点源文件夹）

cd area（面源文件夹）

cd mobile［移动源（道路）文件夹］

cd nonroad（非道路源文件夹）

cd biog（生物源　要查看生物源文件夹需另外的软件支持）

（2）Meteorology files

进入"met"文件夹查看气象数据输入文件：

cd $SMKDAT/met

ls（查看）

cd run_a1a　（进入"run_a1a"文件夹，可用 PAVE 来查看）

（3）Other files（简介和参照）

其他重要的运行文件在"ge_dat"文件夹中：

cd $SMKDAT/ge_dat（进入）

ls（查看）

2.1.9.3　运行脚本

（1）进入"assigns"文件夹：

cd $SMKROOT/assigns

（2）编辑 ASSINGS 文件：

vi　"assigns filename"

（如"ASSIGNS.nctox.cmaq.cb4p25_wtox.us36-nc"文件）

（3）Run Scripts（运行脚本）

进入 smoke 的运行目录：

cd $SMKROOT/scripts/run

分别运行文件名为"smk_xx_nctox.csh"的脚本，当 xx ＝ "ar"代表是面源的脚本，xx ＝ "pt"代表点源脚本，xx ＝ "mb"代表移动道路源，xx ＝ "nr"代表非道路源，xx ＝ "bg"代表生物源）。

运行 SMOKE 模型所必需的一些文件都是固定的，其中时间步长可以调整，或者根据不同模式的需求来改进污染物排放清单。分别计算不同源类型。

./smk_ar_c305.run （运行面源执行文件）

点源、移动源和生物源都重复以上操作。

./smk_pt_nctox.csh（运行点源执行文件）

./smk_mb_nctox.csh ［运行移动（道路）源执行文件］

./smk_nr_nctox.csh（运行非道路源执行文件）

./ smk_bg_nctox.csh（运行生物源执行文件）

2.1.9.4 合并不同类型的源

将各种不同污染源的输出结果都可以在一个文档中输出，直接应用于 CMAQ 等区域空气质量数值模型。

（1）cd $SMKROOT/scripts/run

（2）vi smk_mrgall_nctox.csh（打开该文档并做一些微调）

（3）./smk_mrgall_nctox.csh（执行该脚本文件，可以把所有的源数据结果整合到一个文档中，直接应用于 CMAQ 等区域空气质量数值模型）

2.1.9.5 查看 SMOKE 结果

用 PAVE 和 VERDI 等软件可以直接查看 SMOKE 模型的输出数据结果，或用 NCL、IDL、GMT 等绘图软件进行绘图查看。

2.2 ISAT 工具

2.2.1 ISAT 工具简介

ISAT（Inventory Spatial Allocate Tool，排放清单空间分配工具）是基于城市设施点、人口、道路、土地利用类型等地理信息数据将面源排放清单进行空间分配的工具。本系列工具分为网格生成、排放量分配以及模式输入清单制作 3 个功能模块，并将用到的地理信息数据分为点数据、线数据、栅格数据 3 类。其中，网格生成模块可生成满足 CMAQ、WRF-CHEM 等空气质量模型需求的网格，排放量分配模块通过统计每个网格中的点数、线段长度、栅格相关值等对每个网格赋予权重以完成排放清单空间分配因子计算工作，模型输入清单制作模块，目前可以满足 CMAQ 空气质量模型 inline 排放清单制作要求。

2.2.2　ISAT 概述

大气污染物排放清单是空气质量预报预警的重要基础，也是制订大气环境质量目标管理和达标规划的根本依据，它反映了污染源在一定时间跨度和空间区域内排放到大气中的各种污染物的数量，建立完善、精准、动态的污染源清单已成为空气质量管理科学决策的首要环节。

为满足实际工作中排放清单编制与空气质量模型运行工作多为不同平台下独立运行的需求，北京市劳动保护科学研究所王堃等开发了在 Windows 系统下运行的 ISAT 工具以满足排放清单编制及网格化工作要求，以及 Windows 或 Linux 系统下运行的 ISAT.M 工具以满足将排放清单输入 CMAQ 等空气质量模型的需求。其中，研究区域划分是排放清单编制及空气质量模型模拟的基础，空间分配是高时空分辨率排放清单编制的主要步骤，将清单作为空气质量模型输入数据是基于数值模拟开展源解析及敏感性分析的必需环节。ISAT 功能模块结构如图 2-7 所示。不同模块之间的主要功能如图 2-8 所示，其中，网格生成是排放清单网格化以及空气质量模型模拟的基础，为从排放清单网格化到空气质量模型模拟提供技术支撑。

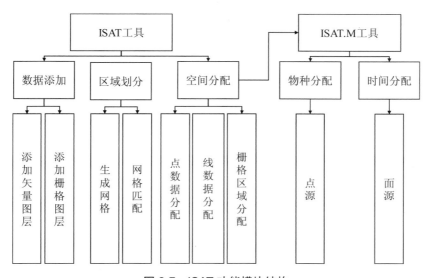

图 2-7　ISAT 功能模块结构

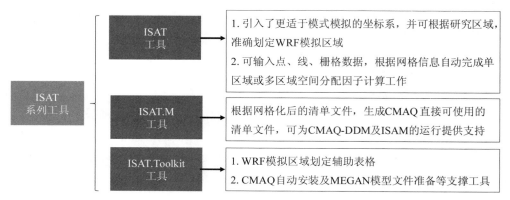

图 2-8   ISAT 工具不同模块主要功能

2.2.2.1   ISAT 工具

空间分配是通过一些地理空间指标将以行政区为单位的排放清单分配到网格中的过程，准确地对排放清单进行空间分配是排放清单编制的必要环节。大气污染物排放清单的空间分配工作主要集中在较难统计、分布较广且排放高度较低的城市及农村居民生活源、道路交通源、典型行业的无组织排放等非点源排放。现有的排放清单空间分配方法多根据人口统计、GDP 统计、路网等数据进行分配，存在可能由于人口集中导致排放分配到其他地区等问题，与实际情况存在较大的误差。随着电子地图等众源地理数据不断发展，具有时效性、多元性、准确性的 POI 数据等众源地理数据在排放清单空间分配方面具有一定的应用价值。因此，ISAT 工具在空间分配处理过程中，可以输入点数据、线数据以及栅格数据以满足不同类型排放清单空间分配需求。

ISAT 工具是 ISAT 系列工具的主体工具，用来实现排放清单空间分配工作，其采用 QGIS 作为基础 GIS 平台，采用 C++作为开发语言。QGIS 是目前流行的开源、免费的桌面 GIS 系统，其基于 Qt 跨平台类库开发，支持 Windows、Linux 等多种系统，支持 C++、Python 语言的扩展开发，支持 Shp、Tiff 等多种数据格式，被广泛应用于 GIS 二次开发，可为今后的应用扩展和实用推广提供技术和架构保障。C++被广泛应用于大规模、复杂度高、长生存期的软件开发中，由于 ISAT 工具需要满足处理海量空间数据、结果输出高效稳定等要求，因此，采用 C++作为系统开发语言采用 64 位架构，以最大限度地利用硬件资源，降低软件、硬件运行成本，提高性价比。

本工具由北京市劳动保护科学研究所大气污染控制研究室王堃设计开发，乔佳彪完成 ISAT 软件开发部分。ISAT 工具主界面如图 2-9 所示，系列工具可满足区域排放清单空间分配因子计算及完成空气质量模拟的相关工作，并具有如下特点：无须安装直接使用，界面友好；可快速准确生成含经纬度、行列号的网格；可输出逐网格的空间分配权重和排放量的 Excel 表格及 shp 矢量文件；可根据实际需求，采用点数据、线数据及面数据（栅格数据）完成面源排放清单空间分配工作。

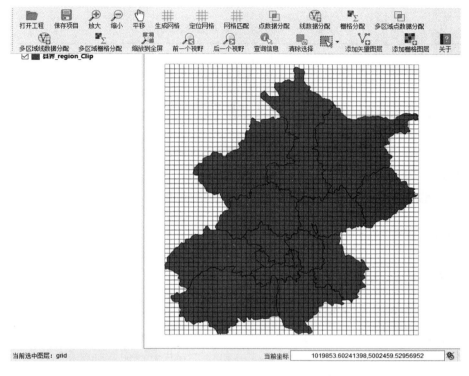

图 2-9 ISAT 工具主界面

2.2.2.2 ISAT.M 工具

目前，为满足高精度模拟及敏感性分析要求，CMAQ 模型利用 PinG（Plume in Grid，次网格烟羽模型）模块解决次网格大点源模拟问题、利用 DDM 直接解耦模块以及 ISAM 模块等满足敏感性分析以及源解析要求，而该类模块要求输入包含点源烟囱信息、经纬度及排放信息的 inline 类型清单，对排放清单工具的开发提出了新的要求。

ISAT.M 工具基于 Python 语言及其 Pandas、GDAL/ORG、Pyproj、Numpy、Netcdf4 等函数库，构建了可用于 Linux 及 Windows 系统下的模型清单文件处理模块，输入文件格式为 csv 格式文件，输出文件格式为 NetCDF 格式文件，并且可根据实际需求输入多种类型排放源的物种及时间分配谱。通过输入 ISAT 工具生成的空间分配因子及多种污染源的时间、物种分配谱，完成高时空分辨率排放清单的空间、时间及物种分配工作，输出包括点源的烟囱信息（stack_groups）、排放量（emission）文件以及面源的网格化排放文件。所涉及的 Python 主要函数库及功能见表 2-6。由于 CMAQ 排放清单文件空间占用量大，多在

Linux 平台下参与数值模拟计算，因此该模块与上述模块分开主要以 Python 代码的形式在 Linux 平台中运行。

表 2-6　Python 主要函数库及功能

函数库	功能
Pandas	基于 numpy 函数库的数据分析工具，用于排放清单数据计算
Pyproj	用于确定点源所在网格及其他投影机计算
Netcdf4	用于生成 NetCDF 格式的 CMAQ 排放清单输入文件

本工具由北京市劳动保护科学研究所大气污染控制研究室王堃设计开发、中国科学院东北地理与农业生态研究所高超完成 ISAT.M 软件开发部分，目前适用于 CMAQ 空气质量模型，支持 CB05 大气化学机制及 AERO6 气溶胶机制。

2.2.3　ISAT 主要功能

2.2.3.1　研究区域划分

区域划分是网格化排放清单、确定气象及空气质量模型研究范围的重要步骤，所制作网格是根据研究区域范围、网格分辨率、投影坐标参数来确定的，其中，使用 CMAQ 等空气质量模型中投影坐标参数多采用 Lambert 投影，并且需要通过确定研究区域的中央经线和原点纬度等信息来获得。同时，WRF 气象模型为 CMAQ 模型提供气象场，也确定了 CMAQ 的研究区域，而在 WRF 气象模型中，对于地球的假设是半径为 6 370 km 的球体，该假定与常用的 WGS1984 等地理坐标系不同。

ISAT 工具提供的生成网格功能，仅需通过输入区域文件的 shp 矢量文件，选择 WRF 坐标系，输入研究需要的网格大小，即可自动计算出中央经线、原点纬度、起始 X、起始 Y 以及行列数等信息，并输出包括不同网格行列号经纬度的网格图层，操作界面见图 2-10。

2.2.3.2　空间分配

空间分配是通过空间分配指标获得研究区域内不同网格空间分配因子的功能。目前可用于空间分配的数据较为多样，包括了 POI 数据点等点数据，交通态势、交通路网等线数据及城市热力图等栅格数据。

ISAT 工具根据实际的排放清单空间分配需求设定了点数据分配、线数据分配及栅格区域分配 3 个主要功能，支持矢量、栅格文件格式，空间分配方法的输出结果为 csv 文件并包括了不同网格中的空间分配因子、经纬度及行列号等信息。其中，线数据分配功能参考《城市道路交通规划设计规范》（GB 50220—95）提供输入最多 4 种不同的线图层数据的功能并可为不同等级道路提供标准长度换算因子，操作界面见图 2-11。

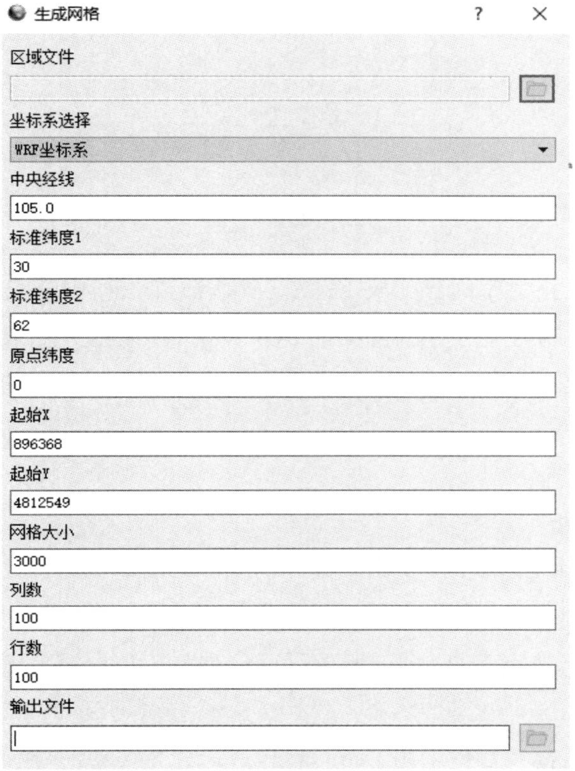

图 2-10　"生成网格"功能界面

图 2-11　空间分配功能界面

以点数据空间分配方法为例，其主要通过计算每个网格中的相关点数作为空间分配权重来分配排放量。设定每个网格内的空间分配权重为 F_i，分配得到的排放量 E_i，计算公式如下：

$$F_i = \frac{N_i}{N_{sum}}$$

$$E_i = F_i \times E_{sum}$$

式中，F_i 表示第 i 个网格的空间分配权重；E_i 表示第 i 个网格中分配的污染物排放量，t；N_i 表示第 i 个网格中商务住宅及相关源类的 POI 数据点个数；N_{sum} 表示研究区域内所有网格中商务住宅及相关源类的 POI 数据点个数；E_{sum} 表示研究区域内的所有网格中污染物的排放总量，t。

2.2.3.3　输入清单制作

ISAT.M 工具 Windows 版本主要由 3 部分构成（见图 2-12），src 文件夹中主要是针对排放源的物种分配、时间分配等参数；exe 文件是主要的执行文件；creat_smoke_to_cmaq 是配置文件。

src	2018/3/31 9:40	文件夹	
area_em_inlinesingle	2018/1/3 19:50	应用程序	178,274 KB
create_smoke_to_cmaq	2018/1/12 21:31	配置设置	2 KB
point_em_inline	2018/1/3 19:45	应用程序	178,460 KB
point_inline	2017/12/24 21:02	应用程序	178,459 KB

图 2-12　ISAT.M 工具界面

2.2.4　ISAT 系列工具的运行

ISAT 系列工具 Windows 版本均无须安装直接使用，如需使用 ISAT.M 工具 Linux 版本，则需要 Python2.7 版本并安装相应的 Python 函数库（见表 2-6）。其中，ISAT 排放清单空间分配工具需要在 64 位 Windows 系统安装。

2.2.4.1　ISAT 空间分配工具的基本操作

（1）软件的启用

①下载安装包并解压后文件夹如图 2-13 所示，双击"运行"即可运行程序。启动画面结束后即出现软件界面。

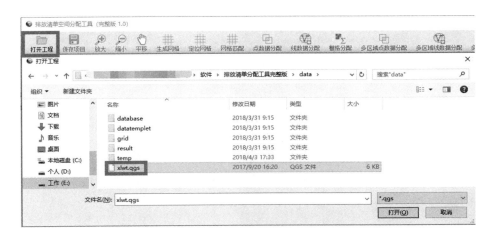

图 2-13　ISAT 工具文件夹界面

②打开工程：用于启动程序，点击"打开工程"后在界面中选择"项目.qgs"即可开始项目（见图 2-14）。

图 2-14　ISAT 工具启用

（2）软件的主要功能

①视图辅助工具：帮助用户调整整个显示视图，提供的基本功能包括放大、缩小、平移、刷新、前一视野、后一视野及图层管理工具等（见图 2-15）。

图 2-15　视图辅助工具

②图层添加工具：添加矢量/栅格图层，使得用户可添加图层（见图 2-16）。

图 2-16　图层添加工具

③主要功能：生成网格、定位网格、网格匹配、点数据分配、线数据分配、栅格分配、多区域点数据分配、多区域线数据分配、多区域栅格分配。完成网格的生成以及清单分配功能（见图 2-17）。

图 2-17　主要功能

2.2.4.2　ISAT 空间分配工具的操作案例

以宁夏回族自治区为例，使用 ISAT 空间分配工具开展模型及排放清单研究区域划分、排放清单分配工作。

（1）模型及排放清单区域划分

案例以宁夏回族自治区为例，划定 WRF、CMAQ 研究区域参数以及最终输入 CMAQ 的排放清单的网格。

①打开"生成网格"功能并添加区域图层（见图 2-18）。

②选择"坐标系"为"WRF 坐标系"。

注：若生成网格不用于模式模拟，推荐使用"WGS1984 坐标系"（见图 2-19）。

③点击"投影参数估算"。"投影参数估算"主要用于估算研究区域投影的中心经纬度。标准纬度根据用户实际需求进行输入（见图 2-20）。

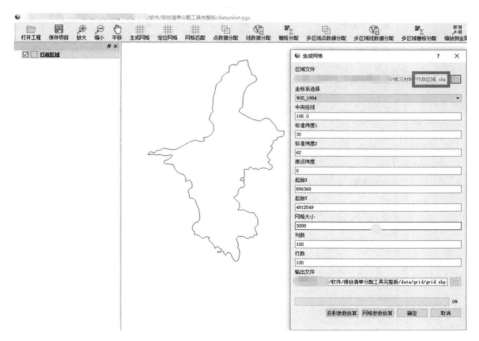

图 2-18　生成网格区域文件添加界面

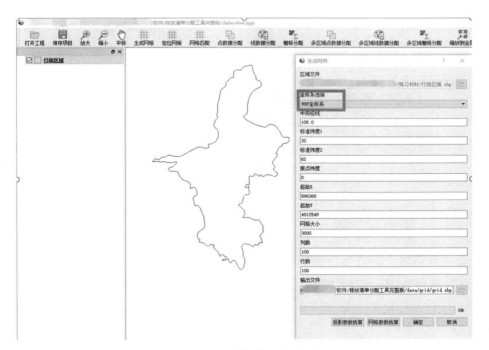

图 2-19　生成网格坐标系选择界面

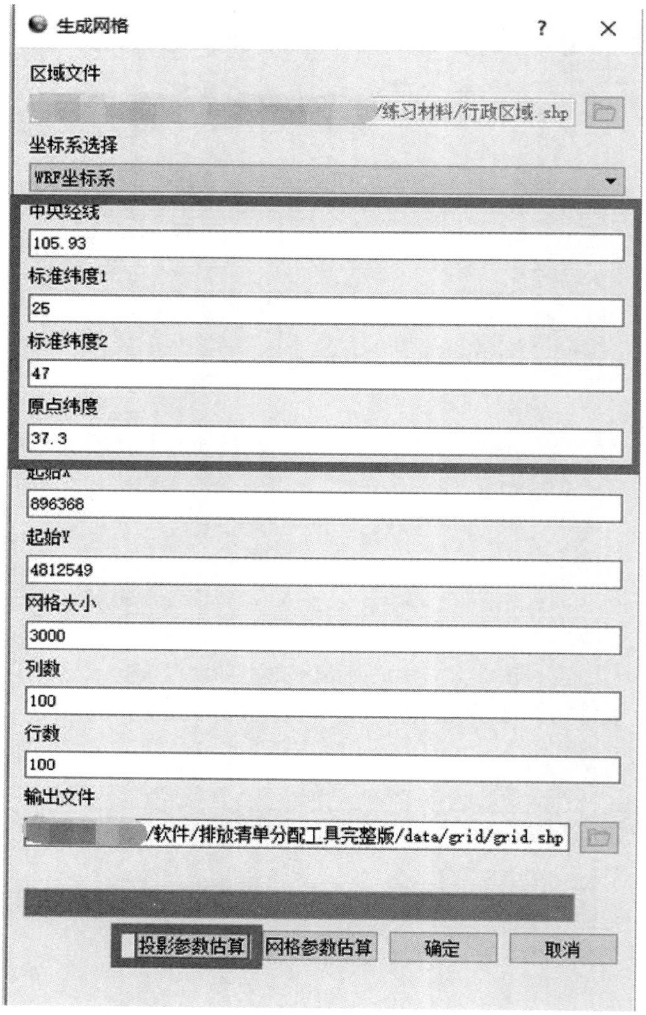

图 2-20　投影参数估算

　　④输入"网格大小"、输出文件及"网格参数估算"。"网格参数估算"主要用于估算网格起始 X 和 Y，并根据网格大小、研究区域范围计算行列数。同时，程序计算完成网格参数后，会重新估算位置更为合适的研究区域中央经线和纬度，用户可以重新输入"中央经线""原点纬度"，再点击"网格参数估算"反复多次，不断缩小提示值与输入值的差距，以将研究区域中心点选取至更中心的位置（见图 2-21 和图 2-22）。至此，即可得到一个网格。

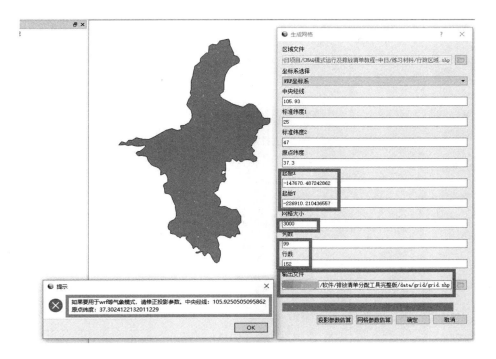

图 2-21 网格参数估算

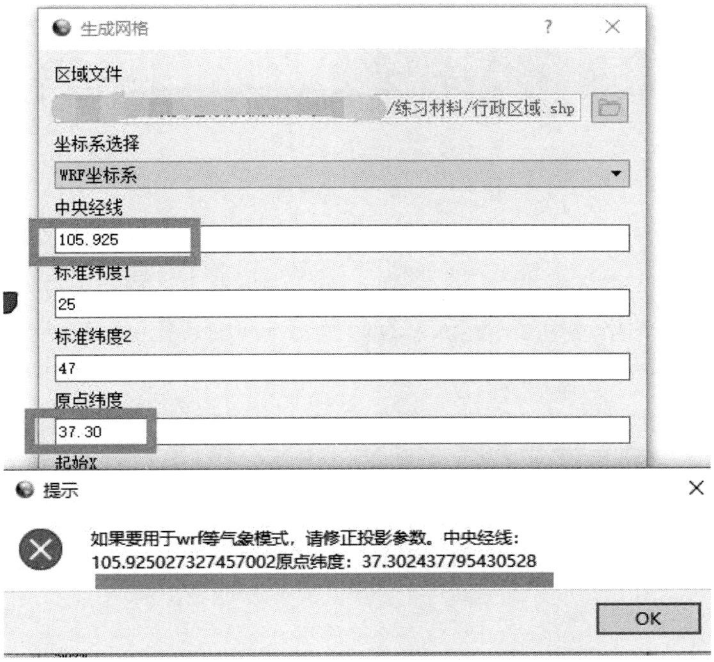

图 2-22 投影参数调整

得到的网格是根据研究区域左侧边界划定的，网格可能出现在左侧及下侧网格沿着研究区域划定，保留空间较少，同时 WRF 及 CMAQ 模拟时距离研究区域应当保留一定的网格（见图 2-23），如果想要优化，可进行如下步骤：

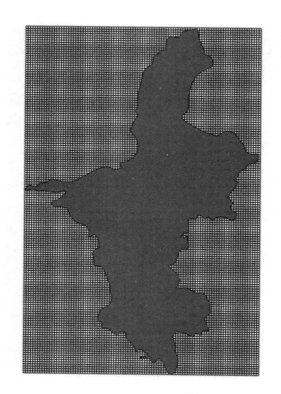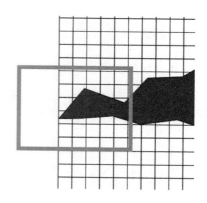

图 2-23　生成网格图示

打开 ISAT.tookit 中的"区域参数计算表格"。在表格空白区域输入上述估算参数，即网格大小、行列数、起始 X 和起始 Y。同时，根据模拟要求，输入 x 方向和 y 方向共增加的网格数，同时根据网格宽松度，输入 x 方向和 y 方向的调整值。输入完成后黄色区域会计算出优化后的参数值，将该参数值输入生成网格参数中，点击生成即可生成所需网格。

输入计算后的参数见图 2-24，输入后直接点击"确定"，无须添加区域文件，无须继续输入"投影参数""网格参数估算"。

点击"确定"后生成的结果如图 2-25 所示，从图中可以看出，所生成的网格完全符合相关要求，并从左侧部分可以看出，区域在网格中更加集中在中间区域。

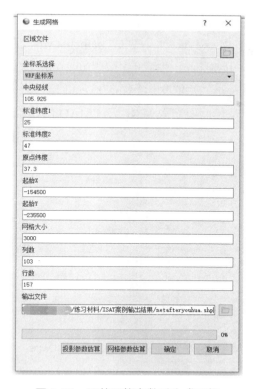

图 2-24　调整网格参数后生成网格

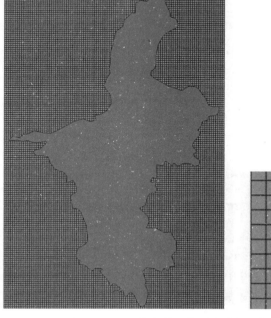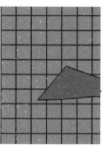

图 2-25　网格参数调整后生成的网格

⑤将输入划定后的网格信息输入 WRF 气象模型。根据图 2-26 所示，将网格信息输入 WPS 中的 namelist.wps 的相应位置。输入完成 namelist.wps 后，运行 WPS 其他模块：ungrib.exe、geogrib.exe、metgrib.exe，生成前缀为"met_em"的文件，再运行 WRF。修改 WRF 文件夹下的 namelist.input，并依次运行 real.exe 和 wrf.exe。

注：本次运行 WRF 若是仅需要获取 WRF 及 CMAQ 的模拟区域信息，仅需要模拟 2 h 以上便可。

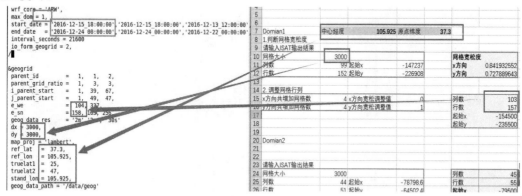

图 2-26　网格参数输入 namelist.wps

⑥将 WRF 气象模型输出文件输入 MCIP 模型。MCIP 模型是将 WRF 气象场数据输入 CMAQ 的模型，为 CMAQ 提供模拟网格、气象场等信息，是运行 CMAQ 模型的基础。运行 MCIP 主要修改图 2-27 所示参数。

```
set InMetFiles = ( $InMetDir/wrfout)

set IfTer        = "T"
set InTerFile    = $InTerDir/geo_em.d01.nc

set MCIP_START = 2016-12-15-18:00:00.0000   # [UTC]
set MCIP_END   = 2016-12-15-20:00:00.0000   # [UTC]

set BTRIM = 0

set WRF_LC_REF_LAT = 37.3
```

图 2-27　MCIP 参数设置

注：BTRIM=0 指的是区域只裁剪 1 个网格，应当根据具体要求进行选择。

MCIP 运行完成后生成的文件中，GRIDDESC 为描述 CMAQ 模拟区域的网格信息文件，是进行清单网格化及模型模拟的基础；geo_em.d01.nc、wrfout 分别为输入的地形及气象文件。

⑦将 GRIDDESC 输入 ISAT 软件，确定最终的清单网格。使用"生成网格"工具，选取 WRF 坐标系，按照 GRIDDESC 文件中的信息填写工具中所需的相关参数见图 2-28。

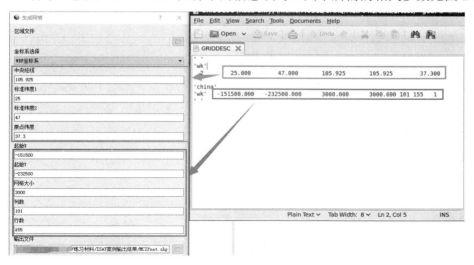

图 2-28　根据 GRIDDESC 生成网格

生成网格如图 2-29 所示，其中灰色为根据 MCIP 中 GRIDDESC 生成的网格，外层为 WRF 模型生成的网格，从图中可以看到，两个网格完全契合，每个方向上比外层少 1 个网格。

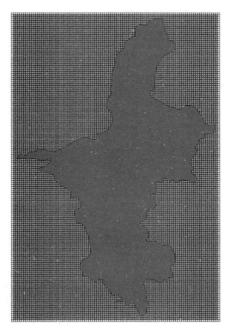

图 2-29　最终生成的排放清单网格

此外，生成的网格包含每个网格的行列号、经纬度等信息，可以为后续排放清单编制及模型模拟提供支撑。

（2）点数据空间分配

POI 数据反映了与人类活动相关源的空间分布情况，与 POI 数据类似，城市热力图通过统计移动终端设备（如手机）连接互联网并分享所在的地理位置与信息，反映用户城市不同人口活动强度。以北京市城六区为例，对比利用商业及住宅类 POI 数据所获得的污染源空间分布特征与城市热力分布情况（见图 2-30），由图可见，城市热力数据对于城区尤其是城区边缘的人类活动有良好的反映，POI 数据与城市热力图所获得的空间分配因子在空间分布上具有良好的一致性，利用 ISAT 工具获得的空间分配结果能够反映人类活动源的强度空间分布情况。

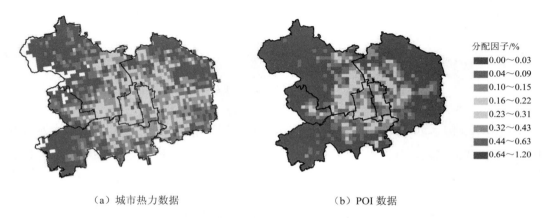

分配因子/%
- 0.00～0.03
- 0.04～0.09
- 0.10～0.15
- 0.16～0.22
- 0.23～0.31
- 0.32～0.43
- 0.44～0.63
- 0.64～1.20

（a）城市热力数据 　　　　　　　　　　　（b）POI 数据

图 2-30　采用城市热力数据和 POI 数据所做出的人类活动源空间分配数据

以宁夏回族自治区为例，假定以所有工厂点作为分配参数，对无组织排放源进行空间分配，使用步骤如下（仅作案例，可行性暂不讨论）：

①添加点图层（见图 2-31）。

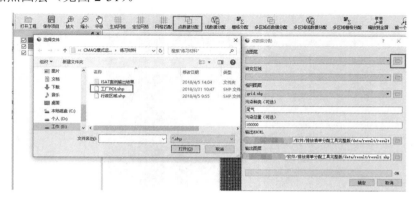

图 2-31　添加点图层

②选择研究区域（可选）。当在网格区域内，点数据超过了研究区域，可以添加研究区域以将研究区外的点数据进行剔除，这里选择宁夏"行政区域"。

③添加格网图层（见图 2-32）。

图 2-32　点数据分配参数设置

④输入污染物种类及污染物总量（可选）。由于空间分配权重是要得到的主要参数，因此目前仅支持输入一类污染物的名称及总量。

⑤选择 EXCEL 输出路径。输出网格的经纬度、行列号、空间分配参数及污染物排放量等信息。

⑥选择图层输出路径。

点击确定后输出结果，由于目前 ISAT 绘图功能较不完善，将结果使用 ArcGIS 打开，如图 2-33 所示。

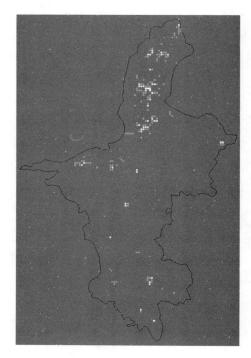

图 2-33　点数据分配结果

（3）线数据空间分配

线数据空间分配是指以线数据（如交通路网等）作为空间分配参数，对面源排放清单进行空间分配（见图 2-34）。本版软件主要通过统计逐网格中的线数据的长度来计算空间分配权重。"线数据分配"仅支持单一线类型"多区域线数据分配"，支持至少 4 种不同类型的线数据，使用同"点数据分配"，步骤如下：

①添加线图层。

②选择研究区域（可选）。当在网格区域内，线数据超过了研究区域，可以添加研究区域以将研究区外的线数据进行剔除。

③添加网格图层。

④输入污染物种类及污染物总量（可选）。由于空间分配权重是要得到的主要参数，因此目前仅支持输入一类污染物的名称及总量。权重设置功能已弃用，填"1"。

⑤选择 EXCEL 输出路径。

⑥输出网格的经纬度、行列号、空间分配参数及污染物排放量等信息。

⑦选择图层输出路径。

点击确定后输出结果，由于目前 ISAT 绘图功能较不完善，将结果使用 ArcGIS 打开，如图 2-35 所示。

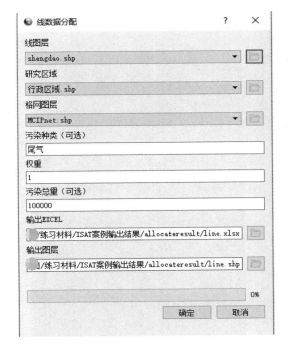

图 2-34　线数据分配参数设置

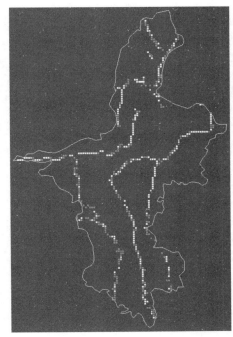

图 2-35　线数据分配结果

（4）栅格数据空间分配

栅格数据空间分配是指以栅格数据（如土地利用、人口分布数据等）作为空间分配参数，对面源排放清单进行空间分配（见图2-36）。本版软件主要通过统计逐网格中的栅格数据的汇总值来计算空间分配权重。使用方法同"点数据空间分配""线数据空间分配"，步骤如下：

①添加栅格图层。选择格式为 Tif 的栅格数据。

②选择研究区域（可选）。当在网格区域内，栅格数据超过了研究区域，可以添加研究区域以将研究区域外的栅格数据进行剔除。

③添加网格图层。

④输入污染物种类及污染物总量（可选）。由于空间分配权重是要得到的主要参数，因此目前仅支持输入一类污染物的名称及总量。

⑤选择 EXCEL 输出路径。输出网格的经纬度、行列号、空间分配参数及污染物排放量等信息。

⑥选择图层输出路径。

点击确定后输出结果，由于目前 ISAT 绘图功能较不完善，将结果使用 ArcGIS 打开，如图 2-37 所示。输出包括一个 shp 图层和一个 csv 文件。空间分配数据的主要目的是获取不同排放源的空间分配系数，在 csv 输出文件中的"ratio"数据列是本区域逐网格的空间分配系数。通过将总排放量与该系数相乘，即可得到该网格的相应排放量。

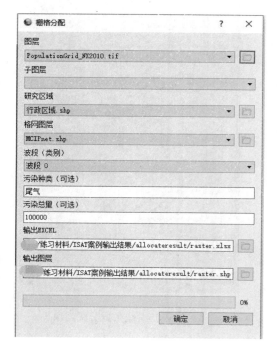

图 2-36　栅格数据分配参数设置

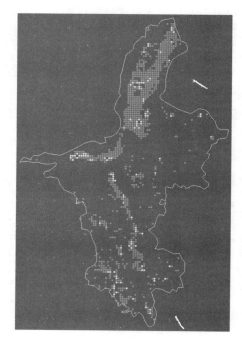

图 2-37　栅格数据分配结果

（5）多区域空间分配

对于研究区域内存在多个区域的情况，本软件开发了"多区域"空间分配功能。运行"多区域"空间分配功能之前必须提供含有"NAME"字段的多区域的研究区域范围，目前该步骤需要借助 ArcGIS 完成。因此，使用该功能主要分为两个步骤，一是为多区域编号，二是开展多区域空间分配（见图 2-38）。

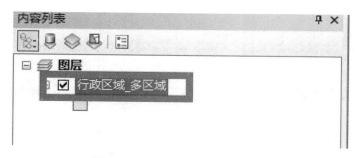

图 2-38　ArcMap 中选中相关图层

由于需要为多区域 shp 添加区域编号，因此对于在 ArcGIS 中的操作稍做介绍。

①选中图层后右键，选择"打开属性表"。

②点击左上角按钮，选择"添加字段"（见图 2-39）。

图 2-39　ArcMap 中选择添加字段

③选择添加字段为"NAME"，类型为"文本"，长度为 10（见图 2-40）。

图 2-40　添加字段参数

④设定字段名称。生成后，输入 NAME 值，此处建议将 NAME 设置为数字，否则在之后的计算中可能由于字符编码不一致，出现乱码（见图 2-41）。

图 2-41　设定字段名称

多区域的点/线/栅格数据分配操作与上述空间分配操作基本一致，主要区别在于所输入的研究区域为经过编号的多区域 shp。区别较大的在于多区域线数据分配，该功能可以同时输入 4 种不同线数据并赋予相关权重。

　　以宁夏回族自治区省道和国道为例，对省道及国道的交通污染物排放进行空间分配（仅作案例），输入参数见图 2-42。单击确定后，输出结果包括一个 shp 图层（见图 2-43）和一个 csv 文件（见图 2-44）。Shp 图层得到不同区域交通排放量的空间分配因子。在 csv 输出文件中 SUMRATIO 后对应的就是不同区域的空间分配因子以及计算过程中的数据，如图 2-42 中"1"即为上述操作过程中给宁夏地级市所赋予的名称字段，对应的数据列即为对于本区域排放总量各网格的空间分配因子，通过将不同区域总排放量与该系数相乘，即可得到不同区域在不同网格中相应的排放量。

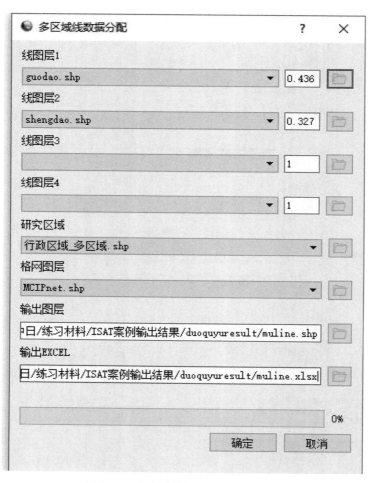

图 2-42　多区域线数据分配参数设定

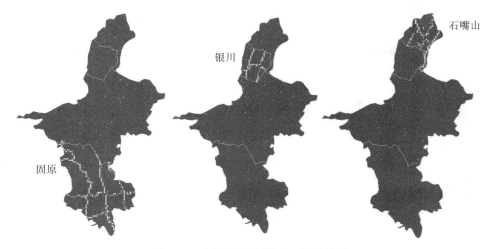

图 2-43　多区域线分配 shp 图层结果

length	ID	rownum	colnum	ratio	FREQUENC	LON	LAT	SUMRATIC		1	R	1S		2
1072364	1	1	1	1	0	104.2437	35.17146	0		0	0	473417.2		0
1072364	2	1	2	1	0	104.2773	35.17193	0		0	0	473417.2		0
1072364	3	1	3	1	0	104.311	35.17239	0		0	0	473417.2		0
1072364	4	1	4	1	0	104.3446	35.17285	0		0	0	473417.2		0
1072364	5	1	5	1	0	104.3782	35.17329	0		0	0	473417.2		0
1072364	6	1	6	1	0	104.4118	35.17372	0		0	0	473417.2		0
1072364	7	1	7	1	0	104.4454	35.17415	0		0	0	473417.2		0
1072364	8	1	8	1	0	104.4791	35.17456	0		0	0	473417.2		0
1072364	9	1	9	1	0	104.5127	35.17497	0		0	0	473417.2		0
1072364	10	1	10	1	0	104.5463	35.17537	0		0	0	473417.2		0
1072364	11	1	11	1	0	104.5799	35.17575	0		0	0	473417.2		0
1072364	12	1	12	1	0	104.6136	35.17613	0		0	0	473417.2		0

图 2-44　多区域线分配 csv 文件结果

2.2.4.3　ISAT.M 工具的使用案例

关闭源法是指通过关闭某一地区或源类的污染源来计算这一地区对目标区域的污染贡献，DDM 法（直接解耦敏感性分析方法模块法）是利用模型相同的公式结构，将敏感性分析公式与模型主程序耦合进行敏感性分析的方法。ISAT.M 工具可将 ISAT 工具所生成的网格化排放清单文件及点源排放文件作为输入文件，并输出 CMAQ 及其 DDM 模块可以直接使用的 inline 格式排放清单。通过使用 ISAT.M 生成 inline 清单与 SMOKE 模型生成清单的关闭源法进行对比（见图2-45），在空间分布方面，两种方法空间分布结果相近，关闭源法估算结果的高值区域较 DDM 法分布更为广泛，该结论与王丽涛等的研究结果相似，同时也验证了 ISAT.M 工具清单的有效性。

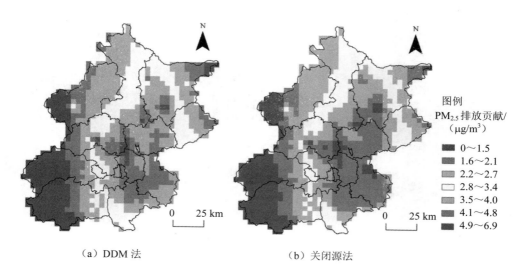

（a）DDM 法　　　　　　　　　　　（b）关闭源法

图 2-45　DDM 法与关闭源法计算结果的空间分布对比

（1）排放源参数配置

对于排放源的设置主要在 src 文件中，并主要包括"减排参数""物种分配谱""时间分配参数"三部分。本软件中的排放源类型不限，仅需用户在源参数设置及排放量输入中一一对应即可（见图 2-46）。

软件 › ISAT.M发布编译版 › src			
名称	修改日期	类型	大小
control	2018/4/5 17:29	文件夹	
core	2018/3/31 9:40	文件夹	
emissions	2018/3/31 9:40	文件夹	
met	2018/4/5 17:31	文件夹	
speciate	2018/3/31 9:40	文件夹	
temporary	2018/4/5 17:28	文件夹	
__init__	2017/9/23 1:22	Python File	0 KB
__init__	2017/11/25 10:49	Compiled Pytho...	1 KB

图 2-46　src 文件夹结构

①减排参数设置。减排参数在 control 文件夹下，分为 pointcontrol 和 areacontrol 两个 csv 文件，是指给排放源设置一定的控制系数以生成不同控制情景下的排放清单，即输入模型的排放量=控制系数×输入 ISAT.M 的排放量。因此，对于不设置污染物控制时，将该系数设置为 1。

减排参数文件中每一列代表一种源，列名为源名称；行为网格号，即有多少个网格就有多少行。特别说明，只要是输入软件中的源必须设置减排系数，无论事实上是否进行减排。对于点源，由于不同类型源的个数可能不同，因此，不同源的减排参数行数也不同，即可以对某几个或者某类型点源进行单独减排设置。

②时间分配参数设置。时间分配参数在 temporary 文件夹下，分为 hourly、weekly 和 monthly 三个文件，是将排放源按照时间排放廓线分配到月、日、时的参数，是构建高时空分辨率排放清单的基础，本软件根据文献调研增加了主要典型源的时间分配参数，用户需要根据自己的研究进行相应的本地化修改或增加。

③物种分配参数设置。物种分配参数在 speciate 文件夹下，每个源一个 csv 文件且后缀为源的名称，该文件是按照排放源排放特征将污染源排放的污染物分配成不同模型组分的参数，本软件根据文献调研增加了主要典型源的 CB05、Aero6 的物种分配谱，但用户需要根据自己的研究或使用要求进行本地化物种分配。

（2）网格参数及排放文件的准备

①网格参数文件的准备。ISAT.M 制作的是 inline 排放清单，但需要 MCIP 中的 GRIDCRO2D 文件提供排放清单的时间及网格属性信息。该文件仅需将 MCIP 输出文件的 GRIDCRO2D 放至 met 文件夹下即可，且如果研究区域不变动的话，无须更新。

②排放文件准备。ISAT.M 的排放文件分为面源和点源两部分。其中，面源是在 ISAT 生成空间分配因子后所得到的网格化后的排放清单。同时，要注意的是，并不是所有源都需要准备相应的点源或者面源文件，后续会在软件运行配置部分提到。

面源清单制作时，一个源一个 csv 文件，每个文件中包括每个网格的经纬度以及 SO_2、NO_x、VOCs、CO、PM_{25}、PM_{10}、NH_3 几种污染物的排放量。（注：表格中 NO_2 代表的是 NO_x，请按照模板填写污染物的排放量）

点源清单制作时，每个源一个 csv 文件，每个文件中包括经纬度、烟囱信息及污染物排放量等信息，应当按照模板填写相关数据。

其中，烟囱信息对应参数如下：

STKDM：烟囱内径（m）；

STKHT：烟囱高度（m）；

STKTK：排烟温度（K）；

STKVE：烟气流速（m/s）；

STKFLW：烟气流量（m^3/s）。

（3）配置文件的准备

工具中的 creat_smoke_to_cmaq.ini 为参数配置文件，具体参数解释如下：

①[model]

Model：CMAQinline/CMAQoffline

生成 CMAQ 在线清单或离线清单，目前主要支持 inline 清单。

②[inputtype]

Inputtype：year/month

year 指输入的排放量为年排放量（t），month 指输入的排放量为月排放量（t）。

inputarea：yes

yes 指运行中处理面源清单。

③[runtime]

Runtime：25

25 为运行小时时长，用户应根据实际需求设定。

④[gridcrod]

gridcrod：GRIDCRO2D 路径。

met：METCRO3D 路径（选择为 CMAQoffline 时需要设定）。

⑤[speciate]

Speciate：输入在点源和面源清单制作过程中设计的排放源类型的物种分配谱路径。

⑥[temporary]

temporary_hour：逐时时间分配谱。

temporary_week：逐周时间分配参数。

temporary_month：逐月时间分配参数。

⑦[emission]

emissions：涉及的面源排放清单路径。

stack_groups：涉及的点源排放清单路径。

⑧[control]

pointcontrol：涉及的点源减排系数表。

areacontrol：涉及的面源减排系数表。

⑨[outfile]

area：输出面源清单的路径。

（4）ISAT.M 的运行

排放源参数、网格及排放数据准备好后，运行 ISAT.M。

仅需双击文件夹下 3 个 exe 可执行文件即可。双击后，跳出 cmd 对话框，若运行完毕则生成面源清单后自动关闭，否则报错后自动关闭对话框。

（5）CMAQ 中 inline 清单设置简述（见图 2-47）

```
setenv NPTGRPS 3              #> Number of elevated source groups
setenv STK_GRPS_01 /                    /stack_groups_PP.nc
setenv STK_GRPS_02 /                    /stack_groups_BR.nc
setenv STK_GRPS_03 /h              g/stack_groups_GBR.nc
setenv LAYP_STTIME $STTIME
setenv LAYP_NSTEPS $NSTEPS
setenv STK_EMIS_01 /                    /PPpoint.nc
setenv STK_EMIS_02 /h                   /BRpoint.nc
setenv STK_EMIS_03 /                    /GBRpoint.nc
setenv LAYP_STDATE $STDATE
```

图 2-47　inline 点源清单设置

由于 CMAQ 模型的运行在本说明中不做重点，简单介绍 ISAT.M 生成清单在 CMAQ 运行脚本中的设置。应当在 run.cctm 中至少做如下设置：

①开启 inline emission 功能：setenv CTM_PT3DEMIS Y。

②输入面源清单路径：set EMISfile =（输入相关设置）。

③输入点源清单及烟囱信息路径：Setenv NPTGRPS 3（如有 3 种点源输入 3）。

并依次设置点源烟囱文件和点源排放文件路径。

第 3 章
中尺度气象模型 WRF 安装

气象模型主要用于为空气质量模型 CMAQ、CAMx 等提供驱动污染物扩散、传输等物理化学过程的三维气象场数据，目前国内外比较常用的中尺度气象模型为 WRF。本章主要介绍 WRF 模型的安装、输入数据的预处理、模式的运行以及如何对模型模拟结果进行后处理，使其可以作为 CMAQ 等模式输入的气象场文件，本章主要针对 WRF 模型在 Linux 系统的安装和运行进行介绍。

3.1 WRF 简介

3.1.1 WRF 模型介绍

WRF 模型是由美国国家大气研究中心（NCAR）、美国环境预测中心（NCEP）等部门联合开发研究的新一代中尺度数值天气预报系统。WRF 模型目前主要应用于大气环境、天气研究、业务预报等。WRF 模型系统具有方便高效、可移植、可扩充、易维护等优点。WRF 模型有 MM5 模式发展的 ARW（Advanced Research WRF，高级研究气象预测模型）和在 Eta 模式上发展而来的 NMM（Nonhydrostatic Mesoscale Model，中尺度非静力模式）两个版本，分别用于研究应用和业务使用。目前国内最常用的是 ARW 版本，由通量形式的完全可压缩及非静力欧拉控制方程组成，水平方向采用 Arakawa-C 网格，双向嵌套，垂直方向上采用地形跟随静力气压垂直坐标，也叫质量垂直坐标，时间积分采用2-阶或3-阶 Runge-Kutta 积分方案，在水平和垂直方向上采用 5-阶或 6-阶平流方案。

3.1.2 WRF 模型组成

WRF 模型由预处理系统（WPS）、主程序（WRFV3）、后处理 3 部分构成。

WRF 前预处理程序（WRF Pre-processing System，WPS）是由 Geogrid、Ungrib 和 Metgrid 三个程序模块组成，这三个程序的作用是为真实数据模拟提供输入场，WPS 部分通过

namelist.wps 这个控制文件设置模拟运行参数。WRF 模型中每一个模块的作用见表 3-1。

表 3-1　WRF 各模块主要作用

WPS	Geogrid	规定模拟的区域，将地理数据（地理高度、土地利用以及土壤类型等）插值到模拟区域
	Ungrib	提取 Grib 格式保存的气象场数据和 SST（Sea Surface Temperature，海表温度）等数据
	Metgrid	将提取出的气象场水平插值到模拟区域
OBSGRID		用观测数据对 metgrid 提取的网格化气象数据进行同化，提高准确性
WRFV3	Real.exe	生成初始场和边界场文件
	Wrf.exe	生成 wrfout 文件

除 WPS 与 WRF 两大核心模块外，WRF 系统还有很多附加模块，如用于数据同化的 WRF-DA、用于化学传输的 WRF-chem、用于林火模拟的 WRF-fire。本书不对这些高级功能进行介绍。

3.2　WRF 编译安装

本节主要针对 WRF 模型在 Linux 系统的编译进行详细介绍。在编译之前，首先需在 WRF 官网下载源代码，网址为 http://www2.mmm.ucar.edu/wrf/users/download/get_source.html，页面显示需根据个人情况选择是新用户或是老用户（见图 3-1），新用户需登记如图 3-2 所示信息，老用户需输入先前注册的邮箱方可进入下载页面（注意：WRF4.0.1 及其以后的版本均在 GitHub 官方主页下载，WRF4.0 及其之前的版本可在下载页面直接进行下载，见图 3-3）。

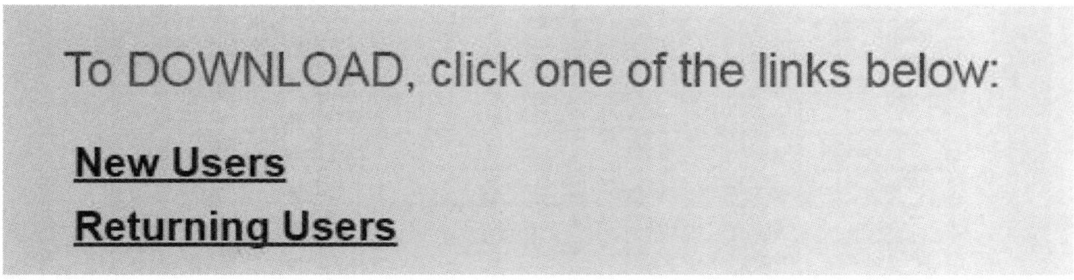

图 3-1　WRF 源代码下载注册链接

WRF Source Code Download: New User Registration

All fields below are required. Information collected here is for internal use only.

First Name	
Last Name	
E-Mail Address	
Affiliation (Company Name)	
Affiliation Type	US Universities ▼
City	
Country Where You Work	United States ▼
Country of Citizenship	United States ▼
Intended WRF Software Usage	Numerical Weather Prediction ▼ Please specify other usage:
	Submit

图 3-2　WRF 源代码下载注册界面

WRF-ARW Code Downloads

Version 4.0	June 8, 2018	tar file	Known Problems	Updates
Version 3.9.1.1	August 28, 2017	tar file	Known Problems	Updates
Version 3.9.1	August 17, 2017	tar file	Known Problems	Updates
Version 3.9	April 17, 2017	tar file	Known Problems	Updates
Version 3.8.1	August 12, 2016	tar file	Known Problems	Updates
Version 3.8	April 8, 2016	tar file	Known Problems	Updates
Version 3.7.1	August 14, 2015	tar file	Known Problems	Updates
Version 3.7	April 20, 2015	tar file	Known Problems	Updates
Version 3.6.1	August 14, 2014	tar file	Known Problems	Updates
Version 3.6	April 18, 2014	tar file	Known Problems	Updates
Version 3.5.1	September 23, 2013	tar file	Known Problems	Updates
Version 3.5	April 18, 2013	tar file	Known Problems	Updates
Version 3.4.1	August 16, 2012	tar file	Known Problems	Updates
Version 3.4	April 6, 2012	tar file	Known Problems	Updates
Version 3.3.1	September 22, 2011	tar file	Known Problems	Updates
Version 3.3	April 6, 2011	tar file	Known Problems	Updates
Version 3.2.1	August 18, 2010	tar file	Known Problems	Updates
Version 3.2	April 2, 2010	tar file	Known Problems	Updates

图 3-3　WRF 源代码下载链接

3.2.1　编译系统环境要求

3.2.1.1　Liunx/Unix 操作系统

WRF 的编译安装和运行需在 Linux 或者 Unix 系统环境下进行，系统的安装本书不做详细介绍，可参考专门的 Linux/Unix 系统书籍。

3.2.1.2　编译器安装

需安装 GNU/PGI/Intel 编译器中的任何一个，GNU 为免费，PGI 和 Intel 需购买使用权限。需同时安装 Fortran 和 C 语言编译器（见表 3-2）。下面以 GNU 编译器在 CentOS 系统的安装为例进行介绍。

表 3-2　GNU 编译器

编译器类型	编译器命令	版本	安装路径
C 编译器	gcc	4.4.6	/usr/bin/gcc
C++编译器	g++	4.4.6	/usr/bin/g++
Fortran 77 编译器	gfortran	4.4.6	/usr/bin/gfortran
Fortran 90 编译器	gfortran	4.4.6	/usr/bin/gfortran

在编译 WRF 之前，首先需要确认系统是否安装编译器，可以通过以下命令来确认编译器是否安装及其安装路径，若系统已经成功安装所需编译器，输入命令后即输出此编译器的安装路径（见图 3-4）。

```
#which gfortran
#which cpp
#which gcc
```

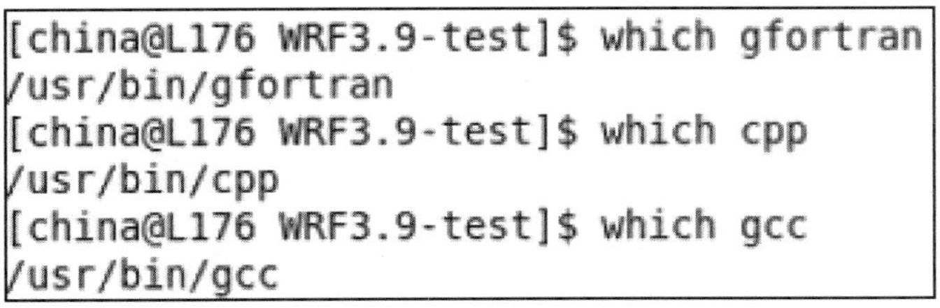

```
[china@L176 WRF3.9-test]$ which gfortran
/usr/bin/gfortran
[china@L176 WRF3.9-test]$ which cpp
/usr/bin/cpp
[china@L176 WRF3.9-test]$ which gcc
/usr/bin/gcc
```

图 3-4　编译器安装测试

3.2.1.3　MPI 并行环境安装配置

（1）MPICH

①MPICH 源代码下载。MPICH 的源代码可从官网（http://www.mpich.org/downloads/）进行下载，用户可下载相对稳定的 3.2.1 版本。首先利用如下命令对安装包进行解压缩，并进入到解压路径下。

```
# tar xzf mpich-3.2.1.tar.gz   ! 将 mpich-3.2.1.tar.gz 文件解压缩
# cd mpich-3.2.1   ! 进入 mpich-3.2.1 文件夹
```

②编译安装。对编译环境进行配置，如编译器的类型、编译器安装路径以及 MPICH 的安装路径等。运行之前，一般需对 configure 文件中的路径等信息进行确认，在 csh 或者是 tcsh 环境下，采用如下命令进行配置生成 Makefile，prefix 后设置安装目录。

```
# ./configure --prefix=/home/<USERNAME>/mpich-install |& tee c.txt   ! 运行 configure 文件
```

在 bash 或是 sh 环境下，则用如下命令。

```
# ./configure --prefix=/home/<USERNAME>/mpich-install 2>&1 | tee c.txt   ! 运行 configure 文件
```

若运行完成后最终没有产生任何错误信息，则表示这一步配置成功，可以进行下一步的编译和安装。编译过程中若存在报错信息，可以输入 make clean，随后对 configure 文件重新进行修改和配置编译。

```
# make |& tee m.txt                （csh/tcsh）   ! 编译
# make 2>&1 | tee m.txt            （bash/sh）    ! 编译
# make install |& tee mi.txt        （csh/tcsh）   ! 安装
# make install 2>&1 | tee mi.txt    （bash/sh）    ! 安装
```

③环境变量配置。打开对应的系统环境变量设置文件，csh 环境下为.cshrc 文件，bash 环境下为.bashrc 文件，对文件中的变量进行对应的修改保存。修改后可采用命令 which mpicc 或者 which mpiexec 来验证是否配置成功。

```
# vi ～/.cshrc   ! 查看.cshrc 文件
setenv PATH /home/<USERNAME>/mpich-install/bin：$PATH   ! 添加 mpich 的 bin 文件路径
# vi ～/.bashrc   ! 查看.bashrc 文件
PATH=/home/<USERNAME>/mpich-install/bin：$PATH；export PATH   ! 添加 mpich 的 bin 文件路径
```

（2）OpenMPI

OpenMPI 是一个免费的、开源的并行库，兼容 MPI-1 和 MPI-2 标准。OpenMPI 由开源社区开发维护，支持大多数类型的 HPC 平台，并具有很高的性能。

OpenMPI 目前最新版本为 openmpi-3.1+，下载网址为：https：//www.open-mpi.org/software/ompi/v3.1/，可从官网免费下载 Openmpi 源码安装包。安装过程如下所示。

```
# tar zxvf openmpi-3.1.2.tar.gz    ！解压源代码安装包
# cd openmpi-3.1.2    ！进入源代码路径文件
# ./configure --prefix=/public/software/mpi/openmpi-16-gnu
--enable-mpirun-prefix-by-default CC=gcc CXX=g++ FC=gfortran F77=gfortran    ！制定
编译器类型、编译器安装地址以及安装路径，生成 Makefile
# make    ！根据 Makefile 中的控制参数对源代码进行编译
# make install    ！安装
```

3.2.2　常用气象函数库安装

3.2.2.1　压缩文件库（zlib/libpng/Jasper）

zlib 是一个用于数据压缩的通用函数库，libpng 是一个处理 PNG 格式图像的库，可调用 zlib 函数库对图像进行无损压缩，Jasper 是处理 JPEG-2000 图像格式的函数库，JPEG-2000 是基于小波变换的新一代图像压缩标准，支持无损和有损压缩，由于比 JPEG 有更优的压缩性能，在医学影像、数字遥感、气象科学等领域得到了应用，这 3 种压缩文件库是编译具有读写 GRIB2 格式文件的 WPS 模块（特别是其中的 ungrib 模块）所必需的工具。

安装前需首先进入 root 用户权限。在 CentOS 系统中，zlib 的安装非常简便，只需输入如下命令，即可下载安装包进行自动安装。

```
# su    ！进入 root 权限，需输入密码
# yum install zlib    ！自动安装 zlib
```

若系统已经安装 zlib 的最新版本就会出现如图 3-5 所示的提示，可以进行下一个程序的安装。libpng 和 Jasper 的安装同 zlib，采用 yum install 的命令即可自动下载安装，Japer 下载安装完成后如图 3-6 所示。

```
Loaded plugins: auto-update-debuginfo, fastestmirror, refresh-packagekit,
                : security
Setting up Install Process
Loading mirror speeds from cached hostfile
epel/metalink                                      | 4.2 kB      00:00
epel-debuginfo/metalink                            | 4.2 kB      00:00
 * base: centos.ustc.edu.cn
 * epel: del-repos.extreme-ix.org
 * epel-debuginfo: del-repos.extreme-ix.org
 * extras: ftp.sjtu.edu.cn
 * remi: fr2.rpmfind.net
 * remi-safe: fr2.rpmfind.net
 * updates: mirror.bit.edu.cn
base                                               | 3.7 kB      00:00
base-debuginfo                                     | 2.5 kB      00:00
base-debuginfo/primary_db                          | 2.0 MB      05:26
epel                                               | 3.2 kB      00:00
epel/primary                                       | 3.2 MB      00:04
epel                                                          12516/12516
epel-debuginfo                                     | 1.5 kB      00:00
epel-debuginfo/primary                             | 508 kB      00:01
epel-debuginfo                                                 3165/3165
extras                                             | 3.4 kB      00:00
remi                                               | 2.9 kB      00:00
remi/primary_db                                    | 2.2 MB      00:14
remi-debuginfo                                     | 2.9 kB      00:00
remi-debuginfo/primary_db                          | 406 kB      00:03
remi-safe                                          | 2.9 kB      00:00
updates                                            | 3.4 kB      00:00
Package zlib-1.2.3-29.el6.x86_64 already installed and latest version
Nothing to do
```

图 3-5   zlib 已安装检测示意

```
==================================================================================
Installing:
 jasper                    x86_64         1.900.1-22.el6          base         23 k
Updating for dependencies:
 jasper-libs               x86_64         1.900.1-22.el6          base        139 k

Transaction Summary
==================================================================================
Install       1 Package(s)
Upgrade       1 Package(s)

Total download size: 161 k
Is this ok [y/N]: y
Downloading Packages:
(1/2): jasper-1.900.1-22.el6.x86_64.rpm                       | 23 kB      00:00
(2/2): jasper-libs-1.900.1-22.el6.x86_64.rpm                  | 139 kB     00:00
----------------------------------------------------------------------------------
Total                                              396 kB/s | 161 kB      00:00
Running rpm_check_debug
Running Transaction Test
Transaction Test Succeeded
Running Transaction
  Updating   : jasper-libs-1.900.1-22.el6.x86_64                          1/3
  Installing : jasper-1.900.1-22.el6.x86_64                               2/3
  Cleanup    : jasper-libs-1.900.1-16.el6_6.3.x86_64                      3/3
  Verifying  : jasper-1.900.1-22.el6.x86_64                               1/3
  Verifying  : jasper-libs-1.900.1-22.el6.x86_64                          2/3
  Verifying  : jasper-libs-1.900.1-16.el6_6.3.x86_64                      3/3

Installed:
  jasper.x86_64 0:1.900.1-22.el6

Dependency Updated:
  jasper-libs.x86_64 0:1.900.1-22.el6

Complete!
```

图 3-6   Jasper 安装完成示意

3.2.2.2　数据存储管理库（HDF5）

HDF 是一个用于科学数据存储和管理的函数库和文件格式，有两个版本：HDF4 和 HDF5。本节主要介绍 HDF5 的安装配置方法。安装之前需首先确认系统是否安装了 zlib 库。本节以 HDF5-1.10.4 版本的下载和安装为例进行介绍。

首先，在 Liunx 的终端界面中输入如下命令下载安装包，下载完成后对其进行解压缩，解压缩后生成目录文件夹 hdf5-1.10.4，进入到该目录下。

```
# wget https：//support.hdfgroup.org/ftp/HDF5/releases/
hdf5-1.10/hdf5-1.10.4/src/hdf5-1.10.4.tar.gz    ！下载 HDF5 安装包
# tar –xvf hdf5-1.10.4.tar.gz      ！将安装包进行解压缩
# cd hdf5-1.10.4    ！将路径切换到压缩文件夹下
```

随后即可开始进行编译安装，如下所示：

```
# ./configure --prefix=安装路径      ！运行 configure 文件，设定安装路径
# make    ！编译
# make check    ！这一步会进行安装环境测试，成功后即可进行下一步最后安装步骤
# make install    ！安装
```

make check 测试成功，会显示所有测试都通过（见图 3-7），随机即可进行下一步安装。安装完成后，在安装路径的文件夹内会生成 4 个文件夹，分别为：lib、bin、include 和 share。

```
All h5watch tests passed.
1.00user 1.05system 1:04.50elapsed 3%CPU (0avgtext+0avgdata 7740maxresident)k
0inputs+2800outputs (0major+510605minor)pagefaults 0swaps

Finished testing testh5watch.sh
```

图 3-7　安装前测试通过显示

安装成功后需设置环境变量，打开环境变量文件：

```
# vi ～/.bashrc    ！打开.bashrc 文件
```

在文件中进行如下对应设置：

```
HDF5=安装路径    ！设置 HDF5 路径变量
export HDF5    ！输出 HDF5 变量
LD_LIBRARY_PATH=$HDF5/lib：$LD_LIBRARY_PATH    ！设置 HDF5 的库文件路径变量
export LD_LIBRARY_PATH      ！输出库文件变量
INCLUDE=$HDF5/include：$INCLUDE      ！设置 HDF5 的 include 文件路径
export INCLUDE      ！输出 include 文件路径变量
```

```
PATH=$HDF5/bin：$PATH　　！设置 HDF5 的 bin 文件路径
export PATH　　！输出 bin 文件路径变量
```

设置完后退出环境变量文件，并进行更新，可以通过如下 source 的命令进行更新，或者将终端进行关闭重新点开，如果不进行更新，系统调用的环境变量文件仍然为修改之前的文件内容。

```
# source ~/.bashrc　　！更新应用新.bashrc 文件中变量设置
```

3.2.2.3　NetCDF

NetCDF（Network Common Data Format，网络通用数据格式）是一种文件格式的标准。NetCDF 文件开始的目的是用于存储气象科学中的数据，现在已经成为许多数据采集软件的生成文件的格式。下载地址为：http://www.unidata.ucar.edu/downloads/netcdf/index.jsp。NetCDF 分为 classic netcdf 和 netcdf-4 两种格式，而且两种格式互不兼容，netcdf4.2 以上的版本 c 库和 fortran 库分开，要先安装 netcdf-c，然后再安装 netcdf-fortran。本小节介绍 netcdf 3.6.2（即 classic netcdf 格式）的安装配置方法。

```
# wget ftp：//ftp.unidata.ucar.edu/pub/netcdf/old/
netcdf-3.6.2.tar.gz　　！下载 netcdf 安装包
# tar –xvf netcdf-3.6.2.tar.gz　　！解压安装包
# cd netcdf3.6.2　　！进入对应文件夹下
# ./configure --prefix=/ 安装路径 /netcdf3　CC=gcc　CXX=g++　FC=gfortran
F77=gfortran　　！运行 configure 文件，设定安装路径和编译器
# make　　！编译
# make install　　！安装
```

安装完成后需设置环境变量，如下所示：

```
# vi ~/.bashrc　　！查看.bashrc 文件，输入 i 即可进行修改
NETCDF=安装路径　　！设置 NETCDF 路径变量
export NETCDF　　！输出 NETCDF 路径变量
NETCDF_LIB=${NETCDF}/lib　　！设置 NETCDF 库文件路径变量
export NETCDF_LIB　　！输出 NETCDF 库文件路径变量
NETCDF_INC=${NETCDF}/include　　！设置 NETCDF 的 include 文件路径变量
export NETCDF_INC　　！输出 NETCDF 的 include 文件路径变量
PATH=${NETCDF}/bin：$PATH　　！设置 NETCDF 的 bin 文件路径变量
export PATH　　！输出 bin 文件路径变量
```

Netcdf4 格式安装前需注意安装 zlib 库和 HDF5 库，两类库的安装参见 3.2.2.1 和 3.2.2.2，

若只安装 classic 版本，则 HDF5 为非必要库文件。

3.2.2.4 NCL

NCL（The NCAR Command Language，美国国家大气研究中心命令语言）是一种专门为科学数据处理以及数据可视化设计的高级语言，适合气象数据的处理和可视化。NCL 包含了现代编程语言的许多常见功能：条件语句、循环、数组运算等。此外，NCL 还包括许多内置函数和过程进行处理和操作数据，其中包括统计函数、插值、EOF 分析、波谱分析等。

NCL 主要包括以下 3 个方面的功能：首先是文件 I/O 功能。NCL 有独特的语法，可以访问数据文件中的变量。也可以访问变量的其他信息，如网格坐标信息、单位、缺测值等。其次是 NCL 的数据处理功能，如求数据的平均值、做线性回归等。最后是数据可视化。

关于 NCL 的安装一般有两种方式，一种是通过源代码的编译，但源代码编译比较复杂，依赖的库比较多，编译时间较长；另一种是下载官方提供的预编译包，解压，设置环境变量即可完成安装。源代码和预编译包均可在官方网站免费下载，网址为：http://www.ncl.ucar.edu/Download/。预编译包分为两种，一种是支持读取在线数据服务器数据的（OPeNDAP-enabled），另一种是不支持的（notOPeNDAP-enabled），用户可根据自身需求进行选取。安装包针对不同的 Linux 系统和编译器有不同的安装程序（见图 3-8）。

File	Size	Location	NetCDF Header
ncl_ncarg-6.5.0-CentOS6.10_64bit_gnu447.tar.gz	103.89 MB	Disk	
ncl_ncarg-6.5.0-CentOS7.4_64bit_gnu730.tar.gz	89.66 MB	Disk	
ncl_ncarg-6.5.0-CentOS7.5_64bit_gnu485.tar.gz	105.69 MB	Disk	
ncl_ncarg-6.5.0-CYGWIN_NT-10.0-WOW_i686.tar.gz	79.84 MB	Disk	
ncl_ncarg-6.5.0-Debian7.11_32bit_gnu472.tar.gz	103.2 MB	Disk	
ncl_ncarg-6.5.0-Debian7.11_64bit_gnu472.tar.gz	105.46 MB	Disk	
ncl_ncarg-6.5.0-Debian8.11_64bit_gnu492.tar.gz	106 MB	Disk	
ncl_ncarg-6.5.0-Debian9.4_64bit_gnu630.tar.gz	107.15 MB	Disk	
ncl_ncarg-6.5.0-MacOS_10.12_64bit_gnu710.tar.gz	87.97 MB	Disk	
ncl_ncarg-6.5.0-MacOS_10.13_64bit_gnu730.tar.gz	87.81 MB	Disk	
ncl_ncarg-6.5.0-SuSE12_64bit_gnu620.tar.gz	106.76 MB	Disk	
ncl_ncarg-6.5.0-SuSE12_64bit_gnu730.tar.gz	106.32 MB	Disk	

图 3-8 NCL 安装包下载列表示意

下载完毕后，解压预编译包，显示内部包含 3 个文件夹，分别为 bin、include 和 lib。随后设置环境变量，代码如下所示。设置完成后，输入 which ncl 或者 ncl 命令来测试安装是否成功（见图 3-9）。

```
# vi  ~/.bashrc        ! 查看.bashrc 文件
Export NCARG_ROOT=/home/test/ncl-6.3.0        ! 输出 ncl 安装路径
Export PATH=$NCARG_ROOT/bin: $PATH        ! 输出 ncl 的 bin 文件路径
# source  ~/.bashrc        ! 更新应用.bashrc 文件设置
```

```
[china@L176 ~]$ which ncl
~/lib/ncl/bin/ncl
[china@L176 ~]$ ncl
Copyright (C) 1995-2015 - All Rights Reserved
University Corporation for Atmospheric Research
NCAR Command Language Version 6.3.0
The use of this software is governed by a License Agreement.
See http://www.ncl.ucar.edu/ for more details.
ncl 0>
```

图 3-9　NCL 测试安装成功示意

3.2.3　WRFV3 编译过程

由于 2017 年 7 月 19 日后 NECP 的 GFS 数据与之前数据格式内容有所改动，导致之后的数据只能使用 WPS3.9 及其以后版本进行处理，或者至少采用最新的 ungrib 模块，因此本书以 WRF3.9.1 的编译安装过程进行演示。首先，按照 3.2 节的步骤在官网进行 WRF-ARW 模块源代码压缩包的下载，放至 Liunx 机器指定的路径下，开始进行下一步的解压缩和安装，如下所示。

```
# tar –xvf WRFV3.9.1.1.tar        ! 解压缩
# cd WRFV3        ! 进入源代码文件夹
# ./configure        ! 运行 configure 文件
```

执行./configure，选择编译 WRF 所采用的编译器一起使用单核或者是多核，serial 表示串行计算；smpar 表示内存共享并行计算（shared memory option），即使用 openMP，大部分多核电脑都支持这项功能；dmpar 表示分布式并行计算（distributed memory option），即使用 MPI 进行并行计算，主要用在计算集群，单个电脑就没必要用了；dm+sm 表示同时使用 openMP 与 MPI 两种并行方式，用户可根据自身需求进行选择（见图 3-10）。

```
checking for perl5... no
checking for perl... found /usr/bin/perl (perl)
Will use NETCDF in dir: /home/china/lib/netcdf3
Will use HDF5 in dir: /home/china/lib/hdf5
PHDF5 not set in environment. Will configure WRF for use without.
Will use 'time' to report timing information
$JASPERLIB or $JASPERINC not found in environment, configuring to build without grib2 I/O...
------------------------------------------------------------------------
Please select from among the following Linux x86_64 options:

  1. (serial)   2. (smpar)   3. (dmpar)   4. (dm+sm)   PGI (pgf90/gcc)
  5. (serial)   6. (smpar)   7. (dmpar)   8. (dm+sm)   PGI (pgf90/pgcc): SGI MPT
  9. (serial)  10. (smpar)  11. (dmpar)  12. (dm+sm)   PGI (pgf90/gcc): PGI accelerator
 13. (serial)  14. (smpar)  15. (dmpar)  16. (dm+sm)   INTEL (ifort/icc)
                                         17. (dm+sm)   INTEL (ifort/icc): Xeon Phi (MIC architecture)
 18. (serial)  19. (smpar)  20. (dmpar)  21. (dm+sm)   INTEL (ifort/icc): Xeon (SNB with AVX mods)
 22. (serial)  23. (smpar)  24. (dmpar)  25. (dm+sm)   INTEL (ifort/icc): SGI MPT
 26. (serial)  27. (smpar)  28. (dmpar)  29. (dm+sm)   INTEL (ifort/icc): IBM POE
 30. (serial)                31. (dmpar)               PATHSCALE (pathf90/pathcc)
 32. (serial)  33. (smpar)  34. (dmpar)  35. (dm+sm)   GNU (gfortran/gcc)
 36. (serial)  37. (smpar)  38. (dmpar)  39. (dm+sm)   IBM (xlf90_r/cc_r)
 40. (serial)  41. (smpar)  42. (dmpar)  43. (dm+sm)   PGI (ftn/gcc): Cray XC CLE
 44. (serial)  45. (smpar)  46. (dmpar)  47. (dm+sm)   CRAY CCE (ftn $(NOOMP)/cc): Cray XE and XC
 48. (serial)  49. (smpar)  50. (dmpar)  51. (dm+sm)   INTEL (ftn/icc): Cray XC
 52. (serial)  53. (smpar)  54. (dmpar)  55. (dm+sm)   PGI (pgf90/pgcc)
 56. (serial)  57. (smpar)  58. (dmpar)  59. (dm+sm)   PGI (pgf90/gcc): -f90=pgf90
 60. (serial)  61. (smpar)  62. (dmpar)  63. (dm+sm)   PGI (pgf90/pgcc): -f90=pgf90
 64. (serial)  65. (smpar)  66. (dmpar)  67. (dm+sm)   INTEL (ifort/icc): HSW/BDW
 68. (serial)  69. (smpar)  70. (dmpar)  71. (dm+sm)   INTEL (ifort/icc): KNL MIC
 72. (serial)  73. (smpar)  74. (dmpar)  75. (dm+sm)   FUJITSU (frtpx/fccpx): FX10/FX100 SPARC64 IXfx/Xlfx

Enter selection [1-75] : █
```

图 3-10　WRF 编译时编译器和并行选项

在用户选择了编译器和并行选项后，会出现如图 3-11 所示的嵌套网格选项，一般在编译时选择默认的 1 选项即可。这一步运行完成后，在该路径下会生成一个 configure.wrf 文件，下一步即可开始对 WRFV3 模块进行编译。

```
Compile for nesting? (1=basic, 2=preset moves, 3=vortex following) [default 1]: █
```

图 3-11　WRF 编译时嵌套网格选项

在编译之前用户需确定需要编译的情景，主要有以下几种，通常情况下，选择编译 em_real，即 3D 真实情景进行编译。

①em_real（3d real case）

②em_quarter_ss（3d ideal case）

③em_b_wave（3d ideal case）

④em_les（3d ideal case）

⑤em_heldsuarez（3d ideal case）

⑥em_tropical_cyclone（3d ideal case）

⑦em_hill2d_x（2d ideal case）

⑧em_squall2d_x（2d ideal case）

⑨em_squall2d_y（2d ideal case）

⑩em_grav2d_x（2d ideal case）

⑪em_seabreeze2d_x（2d ideal case）

⑫em_scm_xy（1d ideal case）

输入如下代码开始进行编译，输出编译的过程日志文件至 log.compile 文件中，此编译过程需要执行 20～30 min。

```
#./compile case_name >& log.compile    ！执行编译安装
```

编译完成后，确认在 WRFV3/main 文件夹下是否有对应的可执行程序生成，若编译的是真实大气（real）的情景，在该目录下会生成 wrf.exe（可执行程序）、real.exe（真实数据初始化可执行程序）、ndown.exe 和 tc.exe 4 个可执行程序，若编译的是理想大气（idealized）的情景，则会生成 wrf.exe（模型执行程序）和 ideal.exe（理想情景初始化）两个可执行程序，这些可执行程序将同时链接到 WRFV3/run 和 WRFV3/test/em_real 的路径下，用户可以在这两个文件查看到这些可执行文件，在运行 WRF 时自行选择执行路径。

ndown.exe	41.1 MB	DOS/Windows executable	Thu 18 Jan 2018 07:06:53 AM HKT
real.exe	41.0 MB	DOS/Windows executable	Thu 18 Jan 2018 07:06:54 AM HKT
tc.exe	40.6 MB	DOS/Windows executable	Thu 18 Jan 2018 07:06:54 AM HKT
wrf.exe	45.2 MB	DOS/Windows executable	Thu 18 Jan 2018 07:06:25 AM HKT

图 3-12　编译成功后生成的可执行程序

3.2.4　WPS 编译过程

在官网下载 WPS3.9.1.TAR 后对其进行解压缩，开始进行编译安装，编译 WPS 前需设定 JASPER 的路径，设定完成后进行编译环境配置，运行./configure 后终端界面会出现编译器选项，根据用户需求选择对应的编译器，建议与 WRFV3 模块选择一致，另外需选择串行或是并行选项，一般 WPS 编译时建议选择串行（serial），除非用户需要模拟非常大的网格区域。除编译器和并行、串行的选择外，处理的数据格式也可以做相应的选择，可以选择不处理 GRIB2 格式数据，但是选择有处理 GRIB2 功能数据的选项也可以正常处理 GRIB1 格式的数据，目前新的气象再分析资料基本采用 GRIB2 格式，因此，建议选择 GRIB2 格式的编译选项，本书案例中选取第 1 个选项 gfortan 编译器、串行、支持 GRIB2 数据进行编译。

```
# tar –xvf WPS3.9.1.TAR      ！解压缩
# cd WPS       ！进入 WPS 文件夹下
# ./clean     ！清除之前的编译痕迹
# export JASPERLIB=/安装路径/lib      ！设置图像函数库文件路径
# export JASPERINC=/安装路径/include       ！设置图像函数 include 文件路径
# ./configure     ！确认编译选项
```

Please select from among the following supported platforms.

（请从下列支持的安装平台中选择：）

1.　Linux x86_64，gfortran 　　（serial）

2.　Linux x86_64，gfortran 　　（serial_NO_GRIB2）

3.　Linux x86_64，gfortran 　　（dmpar）

4.　Linux x86_64，gfortran 　　（dmpar_NO_GRIB2）

5.　Linux x86_64，PGI compiler 　　（serial）

6.　Linux x86_64，PGI compiler 　　（serial_NO_GRIB2）

7.　Linux x86_64，PGI compiler 　　（dmpar）

8.　Linux x86_64，PGI compiler 　　（dmpar_NO_GRIB2）

9.　Linux x86_64，PGI compiler，SGI MPT 　　（serial）

10.　Linux x86_64，PGI compiler，SGI MPT 　　（serial_NO_GRIB2）

11.　Linux x86_64，PGI compiler，SGI MPT 　　（dmpar）

12.　Linux x86_64，PGI compiler，SGI MPT 　　（dmpar_NO_GRIB2）

13.　Linux x86_64，IA64 and Opteron 　　（serial）

14.　Linux x86_64，IA64 and Opteron 　　（serial_NO_GRIB2）

15.　Linux x86_64，IA64 and Opteron 　　（dmpar）

16.　Linux x86_64，IA64 and Opteron 　　（dmpar_NO_GRIB2）

17.　Linux x86_64，Intel compiler 　　（serial）

18.　Linux x86_64，Intel compiler 　　（serial_NO_GRIB2）

19.　Linux x86_64，Intel compiler 　　（dmpar）

20.　Linux x86_64，Intel compiler 　　（dmpar_NO_GRIB2）

21.　Linux x86_64，Intel compiler，SGI MPT 　　（serial）

22.　Linux x86_64，Intel compiler，SGI MPT 　　（serial_NO_GRIB2）

23.　Linux x86_64，Intel compiler，SGI MPT 　　（dmpar）

24.　Linux x86_64，Intel compiler，SGI MPT 　　（dmpar_NO_GRIB2）

25.　Linux x86_64，Intel compiler，IBM POE 　　（serial）

26.　Linux x86_64，Intel compiler，IBM POE 　　（serial_NO_GRIB2）

27.　Linux x86_64，Intel compiler，IBM POE 　　（dmpar）

28.　Linux x86_64，Intel compiler，IBM POE 　　（dmpar_NO_GRIB2）

29.　Linux x86_64 g95 compiler 　　（serial）

30.　Linux x86_64 g95 compiler 　　（serial_NO_GRIB2）

```
31.  Linux x86_64 g95 compiler        （dmpar）
32.  Linux x86_64 g95 compiler        （dmpar_NO_GRIB2）
33.  Cray XE/XC CLE/Linux x86_64，Cray compiler      （serial）
34.  Cray XE/XC CLE/Linux x86_64，Cray compiler      （serial_NO_GRIB2）
35.  Cray XE/XC CLE/Linux x86_64，Cray compiler      （dmpar）
36.  Cray XE/XC CLE/Linux x86_64，Cray compiler      （dmpar_NO_GRIB2）
37.  Cray XC CLE/Linux x86_64，Intel compiler      （serial）
38.  Cray XC CLE/Linux x86_64，Intel compiler      （serial_NO_GRIB2）
39.  Cray XC CLE/Linux x86_64，Intel compiler      （dmpar）
40.  Cray XC CLE/Linux x86_64，Intel compiler      （dmpar_NO_GRIB2）


Enter selection [1-40]:
（输入选项 [1-40]：）
```

由于 metgrid.exe 和 geogrid.exe 两个可执行程序依赖于 WRFV3 模块中输入输出（I/O）库，在生成的 configure.wps 文件中有一行从 WPS 文件夹下指向 WRFV3 下的 I/O 库（WRF_DIR = ../WRFV3），因此需要确保 WPS 文件夹和 WRFV3 文件夹平级，如果不是，需对该路径进行修改，随后运行如下命令，即可进行 WPS 编译过程。

```
# ./compile >& log.compile      ! 编译，并将编译过程日志记录到 log.compile 文件中
```

若编译成功，WPS 文件夹路径下会生成 3 个可执行程序，分别为 geogrid.exe、ungrib.exe 和 metgrid.exe，分别为如下路径文件对应的链接文件。另外，需查看生成的可执行文件大小，确保其为非零文件，即为编译成功。

①geogrid.exe -> geogrid/src/geogrid.exe

②ungrib.exe -> ungrib/src/ungrib.exe

③metgrid.exe -> metgrid/src/metgrid.exe

3.3 WRF 运行

在整个 WRF 的模拟过程中，WPS 与 WRF ARW 各自可执行程序的运行顺序及关系见图 3-13。

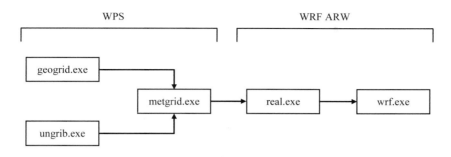

图 3-13　WRF 模型各程序关系

WPS 预处理模块运行过程可按 geogrid.exe、ungrib.exe、metgrid.exe 执行顺序分成 3 个操作步骤。

（1）运行 geogrid 程序

geogrid 执行过程的目的是确定模拟区域并定义模拟网格设置方案（包括单层网格、多层嵌套网格），同时将地形高度、土壤类型、地表土地利用类型、深层土壤温度、植被覆盖参数、反照率及斜坡类型等静态地形数据水平插值到所定义的模拟网格格点上，同时，geogrid 程序还可以通过应用表格文件 GEOGRID.TBL 来将额外的数据集插值到模拟区域。

（2）运行 ungrib 程序

GRIB 格式数据文件包含的气象要素种类要多于 WRF 模拟所需的数量，因此 ungrib 程序的作用是基于 Vtable 编码表格（variable tables）的规则从 GRIB 格式数据中提取出所需要的气象要素，并形成中间过度格式文件（包含 WPS 格式、SI 格式、MM5 格式），方便接下来的执行程序进行读取。

（3）运行 metgrid 程序

metgrid 程序的作用是把 ungrib 程序提取出的气象要素场水平插值到 geogrid 确定的模拟区域上，这个插值后的数据可以被 WRF 的 real 程序所识别。

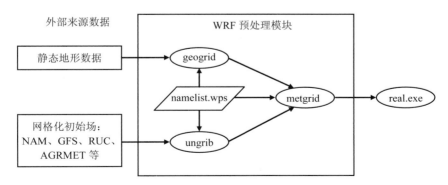

图 3-14　WPS 运行过程示意

WRF ARW 运行过程可按 real.exe、wrf.exe 执行顺序分成两个操作步骤：

（1）运行 real 程序

在一般的研究中，我们常以海拔高度、位势高度作为分层的标准，但在模型中，由于每个地区的下垫面都不一样，有的平原有的高原，有的湖泊有的高山，即使在一个很小的区域，地面的海拔高度也不一样，所以按照位势高度来分层，就显得很不合适，于是就有了跟随地形变化的 eta 坐标。real 程序的作用即是将 metgrid 程序的输出文件垂直插值到设定好的各 eta 层中。

（2）运行 wrf 程序

在 real 程序完成结束后，可直接开始运行 wrf 程序。

3.3.1　数据获取

一般情况下，运行 WPS 所必需的最为基础的初始数据包括地形数据和初始气象场数据。

地形数据可到 WRF 用户网站中的静态地形数据下载界面有选择性地进行下载（见图 3-15）：http://www2.mmm.ucar.edu/wrf/users/download/get_sources_wps_geog.html，所下载的数据均为全球数据集，因为是不随时间变化的静态数据集，因此下载后可用于后续所有的模拟过程。在精度上，部分数据集只有在特定的模拟精度下才能被使用，但大多数数据集在 30″（30 弧秒）、2′（2 弧分）、5′（5 弧分）、和 10′（10 弧分）的精度上都可使用。

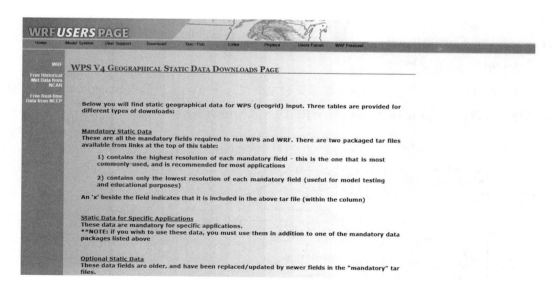

图 3-15　地形数据下载界面示意

WRF 可接受的初始气象场数据包含多种类型数据，在执行 ungrib 程序时通过程序自带的不同 Vtable 编码表格对这些不同来源的初始场数据进行识别并提取转化成统一的中间过渡格式数据，用户甚至可以基于 Vtable 编写规则来自定义 Vtable 文件，以达到某一特定格式的初始气象场数据能够被识别的目的。

一般情况下，GRIB 格式数据是使用最为频繁的初始气象场数据类型，GRIB 格式数据又分为 GRIB1 与 GRIB2 格式。GRIB 格式数据集中，在预报业务中使用较多的为 GFS（Global Forecast System，全球预报系统）数据集，而在针对历史时段模拟时使用较为频繁的则为 FNL 数据集（再分析数据集），此数据集是对 GFS 数据集进行再分析处理得到，可通过 UCAR（UNIVERSITY CORPORATION FOR ATMOSPHERIC RESEARCH，美国大学大气研究联合会）的网站进行下载得到（ds083.2 数据集）：https：//rda.ucar.edu/datasets/ds083.2/index.html？hash=sfol-wl-/data/ds083.2&g=12013#!description，其中 GRIB1 格式的 FNL 数据目前已经停止更新。

3.3.2　namelist 文件

3.3.2.1　namelist.wps

在执行 WPS 各程序前，需要先将 WPS 目录下的 namelist.wps 文件进行编辑，namelist.wps 文件主要由"&share""&geogrid""&ungrib""&metgrid"4 部分内容组成。

geogrid 程序在执行过程中将会从 namelist.wps 文件中的"&geogrid"部分读取模拟区域地理经纬度、网格设置及投影类型等信息，"&ungrib"与"&metgrid"部分内容分别定义了 ungrib、metgrid 程序读入、输出文件的格式、前缀等，"&share"部分内容则决定了模型模拟时段、数据时间间隔等信息。关于 namelist.wps 文件各参数的详细说明见表 3-3。

表 3-3　namelist.wps 各参数对应含义

参数名称	参数含义
&share	
wrf_core	WRF 动力核心算法，有 ARW 和 NMM 两个选项
max_dom	模拟网格嵌套层数
start_date	每一层模拟开始时间
end_date	每一层模拟结束时间
interval_seconds	插值间隔
io_form_geogrid	geogrid 输出文件格式

参数名称	参数含义
&geogrid	
parent_id	母网格编号
parent_grid_ratio	母网格格点间距/嵌套网格格点间距
i_parent_start	i 方向母网格起始网格点
j_parent_start	j 方向母网格起始网格点
e_we	东西方向网格点数
e_sn	南北方向网格点数
geog_data_res	地理数据分辨率
dx	最外层 x 方向网格分辨率
dy	最外层 y 方向网格分辨率
map_proj	投影方式
ref_lat	模拟中心纬度
ref_lon	模拟中心经度
truelat1	
truelat2	兰伯特投影参数
stand_lon	
geog_data_path	地理数据路径
&ungrib	
out_format	定义 ungrib 的输出格式，推荐使用"WPS"
prefix	定义 ungrib.exe 运行输出文件的前缀
&metgrid	
fg_name	输入的 ungrib 结果的前缀
io_form_metgrid	输出 metgrid 文件的格式

3.3.2.2　namelist.input

同 WPS 一样，在执行 WRF ARW 模块前，需要先将 WRFV3 目录下的 namelist.input 文件进行编辑，namelist. input 文件主要由"&time_control""&domains""&physics""&fdda""&dynamics""&bdy_control""&grib2""&namelist_quilt"等内容组成（见图 3-16）。

其中"&time_control"负责 WRF ARW 模块运行的时段等；"&domains"负责 WRF ARW 模块运行网格及投影等设定；"&physics"负责主要物理过程参数的选定；"&fdda"负责四维同化过程相关的设定。关于 namelist.input 文件各参数的详细说明见表 3-4。

```
&time_control
run_days                         = 0,
run_hours                        = 12,
run_minutes                      = 0,
run_seconds                      = 0,
start_year                       = 2000,  2000,  2000,
start_month                      = 01,     01,    01,
start_day                        = 24,     24,    24,
start_hour                       = 12,     12,    12,
start_minute                     = 00,     00,    00,
start_second                     = 00,     00,    00,
end_year                         = 2000,  2000,  2000,
end_month                        = 01,     01,    01,
end_day                          = 25,     25,    25,
end_hour                         = 12,     12,    12,
end_minute                       = 00,     00,    00,
end_second                       = 00,     00,    00,
interval_seconds                 = 21600
input_from_file                  = .true.,.true.,.true.,
history_interval                 = 180,    60,    60,
frames_per_outfile               = 1000,  1000,  1000,
restart                          = .false.,
restart_interval                 = 5000,
io_form_history                  = 2
io_form_restart                  = 2
io_form_input                    = 2
io_form_boundary                 = 2
debug_level                      = 0
/

&domains
time_step                        = 180,
time_step_fract_num              = 0,
time_step_fract_den              = 1,
max_dom                          = 1,
e_we                             = 74,    112,    94,
e_sn                             = 61,     97,    91,
e_vert                           = 28,     28,    28,
p_top_requested                  = 5000,
num_metgrid_levels               = 27,
num_metgrid_soil_levels          = 4,
dx                               = 30000, 10000,  3333.33,
dy                               = 30000, 10000,  3333.33,
grid_id                          = 1,      2,     3,
parent_id                        = 0,      1,     2,
i_parent_start                   = 1,     31,    30,
j_parent_start                   = 1,     17,    30,
parent_grid_ratio                = 1,      3,     3,
parent_time_step_ratio           = 1,      3,     3,
feedback                         = 1,
smooth_option                    = 0
/

&physics
mp_physics                       = 3       3      3
```

图 3-16　namelist.input 文件部分内容示例

表 3-4　namelist.input 各参数对应含义

参数名称	参数含义	备注
&time_control		
run_days	运行天数	
run_hours	运行小时数	
run_minutes	运行分钟数	
run_seconds	运行秒数	
start_year	运行开始年份	
start_month	运行开始月份	
start_day	运行开始日	run_days 设置优先于 start&end；若设置运行 36 h，可以设置 run_days=1&run_ hours = 12，或者设置 run_days=0&run_ hours=36 均可
start_hour	运行开始小时	
start_minute	运行开始分	
start_second	运行开始秒	
end_year	运行结束年份	
end_month	运行结束月份	
end_day	运行结束日	
end_hour	运行结束小时	
end_minute	运行结束分	
end_second	运行结束秒	
interval_seconds	模式输入实时数据时间间隔	以 s 为单位
input_from_file	指定嵌套网格是否用不同的初始场文件	
history_interval	指定模式输出时间间隔	以 min 为单位
frames_per_outfile	指定每一个结果文件中保存输出结果的次数	
restart	指定模式运行是否为断点重启方式	
restart_interval	指定模式断点重启输出的时间间隔	以 min 为单位
io_form_history	指定模式结果输出的格式	
io_form_restart	指定模式断点重启输出的格式	
io_form_input	指定模式输入数据的格式	
io_form_boundary	指定模式输入边界场数据格式	
debug_level	指定模式运行时的调试信息输出等级	值越大，输出信息越多，默认为 0
auxinput1_inname	输入文件名	
io_form_auxinput4	输入输出的 wrflowinp 文件格式	仅用于 sst_update=1
auxinput4_inname	输入的下边界文件名	仅用于 sst_update=1
auxinput4_interval	下边界文件时间间隔	仅用于 sst_update=1 的情况，单位为 min
&domains		
time_step	积分时间步长	一般为整数，单位为 s，推荐数值=6×dx，即 x 方向网格间距的 6 倍
time_step_fract_num	时间步长小数部分分子	
time_step_fract_den	时间步长小数部分分母	
max_dom	模拟层数	
e_we	x（东西）方向网格点数	网格数+1
e_sn	y（南北）方向网格点数	网格数+1

参数名称	参数含义	备注
e_vert	垂直方向层数	
p_top_requested	模式顶层气压	单位：Pa
num_metgrid_levels	输入气象数据的垂直层数	2016 年 5 月 11 日 12 点之前为 27，之后为 32
num_metgrid_soil_levels	输入的土壤数据层数	
dx	x 方向网格间距	单位：m
dy	y 方向网格间距	单位：m
grid_id	计算区域编号	一般从 1 开始
parent_id	嵌套网格的上一级网格（母网格）的编号	一般从 0 开始
i_parent_start	子网格左下角在母网格中 y 方向的位置	
j_parent_start	子网格左下角在母网格中 x 方向的位置	
parent_grid_ratio	母网格相对于子网格的水平网格比例	一般设置为 3
parent_time_step_ratio	母网格相对于子网格的时间步长比例	一般设置为 3
feedback	子网格向母网格的反馈作用	只有当网格比例为奇数时才起作用
smooth_option	向母网格反馈的平滑选项	
eta_levels	eta 垂直层设置，从 1 到 0	若不设置，real 会计算合适的 eta 层
&physics		
mp_physics	微物理过程方案	
ra_lw_physics	长波辐射方案	
ra_sw_physics	短波辐射方案	
radt	调用辐射物理方案的时间间隔	建议与 x 方向网格间距数值相等，所有网格采用相同设置
sf_sfclay_physics	近地面层方案	
sf_surface_physics	陆面过程方案	
bl_pbl_physics	边界层方案	
bldt	调用边界层物理方案的时间间隔	设置为 0 表示每一个时间步长都调用
cu_physics	积云参数化方案	
cudt	调用积云参数化物理方案的时间间隔	单位为 min，一般设置为 0，表示每一步时间步长都调用，当 cu_physics 设置为 Kain-Fritsch 是，cudt=5
isfflx	是否考虑地面热量和水汽通量	当 sf_sfclay_physics = 1、5、7、11 时有效
ifsnow	是否考虑雪盖效应	当 sf_surface_physics=1 有效
icloud	指定辐射光学厚度中是否考虑云的影响	当 ra_sw_physics=1、4 和 ra_lw_physics=1、4 时有效
sst_update	指定在模拟时是否采用实时变化的海表温度、海冰、植被比例和反照率	
surface_input_source	指定土地利用和土壤分类数据来源	默认为 1，来自 WPS/geogrid
num_soil_layers	指定陆面模式中的土壤层数	
sf_urban_physics	指定城市冠层模型	默认值为 0，不开启冠层模型

参数名称	参数含义	备注
&fdda		
grid_fdda	指定是否进行 Analysis nudging	
gfdda_inname	运行 real 时生成的 fdda 文件名	设置为：wrffdda_d<domain>
gfdda_interval_m	分析时间的时间间隔	单位：min
gfdda_end_h	预测开始后多长时间停止 nudging	单位：h
guv	u 和 v 方向的 nudging 系数	单位：s^{-1}
gt	气温的 nudging 系数	单位：s^{-1}
gq	水汽混合比的 nudging 系数	单位：s^{-1}
grid_sfdda	控制是否进行地面网格逼近分析	
sgfdda_inname	定义地面 nudging 输入文件文件名	设置为：wrfsfdda_d<domain>，OBSGRID 的生成文件
sgfdda_interval_m	地面分析时间的时间间隔	
sgfdda_end_h	预测开始后多长时间停止地面 nudging	
io_form_sgfdda	分析数据资料格式	2 为 NetCDF 格式
guv_sfc	u 和 v 方向的 nudging 系数	单位：s^{-1}
gt_sfc	气温的 nudging 系数	单位：s^{-1}
gq_sfc	水汽混合比的 nudging 系数	单位：s^{-1}
rinblw	分析中用于决定置信度（或权重）的影响半径，基于网格点与最近的 obs 数据之间的距离	
&dynamics		
w_damping	垂直速度缓冲标志选项	
diff_opt	湍流和混合作用选项	
km_opt	湍涡系数选项	
diff_6th_opt	6 阶数值扩散选项	
diff_6th_factor	6 阶数值扩散率（量纲一）	最大值为 1.0
base_temp	基态温度	真实大气状态适用
damp_opt	顶层抽吸作用标志选项	
zdamp	设定模式顶部的抽吸厚度	
dampcoef	指定抽吸系数	
khdif	设定水平扩散系数	单位：m^2/s
kvdif	设定垂直扩散系数	单位：m^2/s
non_hydrostatic	指定模式动力框架是否是非静力模式	.true.为非静力，.false.为静力，默认为.false.
moist_adv_opt	指定水汽平流选项	0～4 五种选项
scalar_adv_opt	指定标量的平流选项	0～4 五种选项，与上面类似
&bdy_control		
spec_bdy_width	指定用于边界过渡的格点总行数	只适用于真实大气方案，默认值为 5
spec_zone	指定区域（specified zone）的格点数	只适用于真实大气方案，默认值为 1
relax_zone	指定松弛区域的格点数	只适用于真实大气方案，默认值为 4
specified	指定是否使用特定边条件	只适用于真实大气方案，并只能用于 domain1

参数名称	参数含义	备注
nested	设定嵌套边条件	外层网格段.false.，内层网格段.true.
&namelist_quilt		
nio_tasks_per_group	指定模式需要多少个 I/O 处理器	0 表示不要求单独的 I/O 处理器
nio_groups	预留参数	默认为 1

3.3.3　网格嵌套

与单一网格设置相比，在 WRF 模拟过程中设置嵌套网格并不会显得十分复杂。在一个多层嵌套网格的模拟案例中，geogrid 与 metgrid 将会同时对所设置的多层网格进行处理。为了定义多层嵌套网格中各层网格的位置及分辨率，需要对 namelist.wps 中的部分参数进行设定，每层网格对应一组参数值。

namelist.wps 中会影响多层嵌套网格设定的所有参数见图 3-17，图中部分参数具有多列数值，第一列数值作用于第一层网格，第二列数值作用于第二层网格，如此类推，第 N 列数值作用于第 N 层网格。

```
&share
 wrf_core = 'ARW',
 max_dom = 2,
 start_date = '2008-03-24_12:00:00','2008-03-24_12:00:00',
 end_date   = '2008-03-24_18:00:00','2008-03-24_12:00:00',
 interval_seconds = 21600,
 io_form_geogrid = 2
/

&geogrid
 parent_id         =    1,    1,
 parent_grid_ratio =    1,    3,
 i_parent_start    =    1,   31,
 j_parent_start    =    1,   17,
 s_we              =    1,    1,
 e_we              =   74,  112,
 s_sn              =    1,    1,
 e_sn              =   61,   97,
 geog_data_res     = '10m','2m',
 dx = 30000,
 dy = 30000,
 map_proj = 'lambert',
 ref_lat   = 34.83,
 ref_lon   = -81.03,
 truelat1  =   30.0,
 truelat2  =   60.0,
 stand_lon = -98.
 geog_data_path = '/mmm/users/wrfhelp/WPS_GEOG/'
/
```

图 3-17　namelist.wps 中涉及嵌套网格设定的部分参数

本次以定义一组双层嵌套网格作为示例，首先需要设置 namelist 中&share 的 max_dom，其数值必须等于嵌套网格的网格总个数，这里设置为 2，表示本次模拟网格为双层嵌套网格。在定义好 max_dom 后，其他会影响网格设定的参数必须设置为 N 列数组，数组中的每个数值分别都只作用于与其对应的那一层网格，在&share 部分还需要针对网格进行设置的参数还有模拟的开始时间与结束时间，内层网格的开始时间不允许早于外层网格，结束时间不允许晚于外层网格。由于内层网格均需从各自的上一层网格获取边界条件，因此建议各层网格模拟采用相同的开始及结束时间设置。

接下来是设置&geogrid 部分的参数，设置 parent_id 用于定义每一层子网格所对应的母网格的 id，其中最外层网格的母网格为它自己本身。设置 parent_grid_ratio 用于定义各层子网格与其母网格格距的比例关系（见图 3-18）。

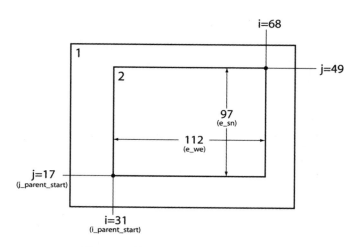

图 3-18　基于母网格设定子网格示例

接下来，将通过 i_parent_start 及 j_parent_start 这两个参数来确定子网格的左下角位于母网格的具体位置，如图 3-18 所示，i_parent_start 值为 31，j_parent_start 值为 17，意味着子网格左下角的网格点将落在母网格横轴方向第 31、纵轴方向第 17 个网格点上。最后，通过 s_we、e_we、s_sn 以及 e_sn 这 4 个参数来定义各层网格的网格格点数（各层网格格点数总比该层网格的网格数多 1），通常地，各层的网格格点数总是从 1 开始计数，所以东西向的开始点数（s_we）与南北向的开始点数（s_sn）总是设置为 1。为了保证子网格右上角网格点能够与母网格的某一网格点重合在一起，因此需确保 e_we 及 e_sn 这 2 个参数的值正好为该层网格所对应嵌套因子 parent_grid_ratio 数值的整数倍加 1。

3.3.4　运行执行程序

3.3.4.1　运行 geogrid 程序

在完成 namelist. wps 文件的编辑后，移动到 WPS 目录下。

运行 geogrid 程序涉及 namelist.wps 文件中的"&share"与"&geogrid"部分的设置。在运行 geogrid.exe 之前，需要对设定好的模拟网格进行确认是否已设置正确，可通过执行 util 目录下的 plotgrids.ncl 画图查看。

#ncl util/plotgrids.ncl　　! 运行 plotgrids.ncl 文件

运行 geogrid.exe，运行结束后将会得到 geo_em.d*xx*.nc 文件，每个文件对应一层模拟网格。

#./geogrid.exe　　! 执行 geogrid 程序

3.3.4.2　运行 ungrib 程序

运行 ungrib 程序涉及 namelist.wps 文件中的"&share"与"&ungrib"部分的设置。ungrib 程序运行过程与模型模拟区域无关，与 geogrid 程序运行过程也无关，因此只要模拟时段相同，ungrib 程序的运行结果仍可重复用于其他 WRF 模拟过程。

将初始气象场数据下载到某一路径下后，根据所下载的初始气象场格式决定对应的 Vtable 编码表格，并将其链接到 WPS 路径下（文件名为 Vtable）。如所下载的为 GFS 或 FNL 数据集，则在命令行输入：

#ln -sf ungrib/Variable_Tables/Vtable.GFS Vtable　　! 链接目标 Vtable 文件

使用 link_grib.csh 文件将初始气象场链接到 WPS 路径下：

#./link_grib.csh *path_to_data*　　! 链接初始气象场到当前路径

其中 *path_to_data* 为初始气象场数据所在路径。

运行 ungrib.exe，即可从气象数据中提取所需要的数据，提取出来的文件的前缀是 FILE，与 namelist.wps 中的 prefix 参数一致。文件名形如 FILE：yyyy-mm-dd_hh，每个文件对应一个时间点。

#./ ungrib.exe　　! 执行 ungrib 程序

3.3.4.3　运行 metgrid 程序

在运行 geogrid、ungrib 程序后，可直接运行 metgrid 程序：

#./ metgrid.exe　　! 执行 metgrid 程序

最后的一系列输出文件：met_em.d*xx*.*YYYY*-MM-DD_HH：00：00.nc，每个文件对应

某一层网格的某一个时间点。

3.3.4.4   运行 real 程序

在完成 namelist. input 文件的编辑后，移动到 WRFV3/test/em_real 或者 WRFV3/run 目录下，将 metgrid 程序的输出文件链接过来：

#ln -sf *path_to_met_em_files*/met_em.d0* .   ！链接 metgrid 程序输出结果

其中 path_to_met_em_files 为 metgrid 程序输出文件所存放的路径。

执行 real.exe：

#./real.exe   ！执行 real 程序

运行结束后至少会得到 wrfinput_dxx 及 wrfbdy_d01 文件，每个 wrfinput 文件对应一层网格。

3.3.4.5   运行 wrf 程序

运行 real 程序后，执行 wrf.exe：

#./wrf.exe   ！执行 wrf 程序

得到最后的 WRF 模型结果文件：wrfout_d*xx*_[*date*]。

3.3.5   物理过程

由于 WRF 为中尺度数值模型，分辨率通常在百公里以上，在这样的尺度下难以对次网格尺度的物理过程进行准确描述，所以需要在模型预测过程中加入物理过程参数化来帮助完善模拟的效果。

WRF 模型的主要物理过程包括云微物理过程、积云对流、辐射、行星边界层、近地面层、陆面过程等。

WRF 模型在各物理过程中均提供了多种物理参数化方案（见表 3-5）。

表 3-5   各物理过程主要方案

物理过程	可选参数化方案
云微物理	Kessler 暖云方案、Lin 方案、WSM 3、WSM 5、Ferrier 微物理、WSM 6、Goddard GCE、Thompson 方案、Milbrandt 方案、Morrison 方案、CAM 方案、SBU-Ylin 方案、NSSL 方案、old Eta 微物理
长波辐射	RRTM 方案、CAM 方案、rrtmg 方案、Goddard 方案、FLG 方案、Earth Held-Suarez 强迫辐射、Eta 长波辐射
短波辐射	Dudhia 方案、CAM 方案、rrtmg 方案、Goddard 方案、FLG 方案、Eta 短波辐射
近地面层	Monin-Obukhov 方案、QNSE、MYNN、Pleim-Xiu 方案、TEMF 方案
陆面过程	热力扩散方案、Noah 陆面模式、RUC 陆面模式、Noah-MP 陆面模式、CLM4、Pleim-Xiu 方案、SSiB 陆面模式

物理过程	可选参数化方案
边界层	YSU 方案、Mellor-Yamada-Janjic 方案、QNSE-EDMF、ACM2、BouLac 方案、TEMF 方案、MRF 方案
积云对流	Kain-Fritsch 方案、Betts-Miller-Janjic 方案、Grell-Freitas 方案、SAS、G3、Tiedtke 方案、Zhang-McFarlane 方案、New GFS SAS、HWRF、Grell-Devenyi 方案

3.3.5.1　云微物理过程

云微物理过程反映了云中水汽和各种水凝物之间的相互转换。转换过程中产生的感热、潜热和动量输送等反作用于大尺度过程，直接影响大气温度、湿度场的垂直分布。模型中合理的云微物理参数化方案设置是准确模拟各种天气过程，特别是降水过程的关键所在。

Kessler 暖云方案：来自 COMMAS 模式，是一个简单的暖云降水方案，考虑的微物理过程包括：雨水的产生、降落以及蒸发，云水的增长，以及由凝结产生云水的过程。微物理过程中显式预报水汽、云水和雨水，无冰相过程。

Purdue Lin（Lin）方案：该方案取自 Purdue 云模式。考虑了水汽、云水、雨、云冰、雪和霰 6 种水物质。水物质各种产生项的参数化方案主要来自 Lin 等，并做了适当修改，包括饱和调整和冰晶沉降。Lin 方案是一个有冰、雪和霰过程的方案，可以说是 WRF 模型中相对复杂的方案，适用于实时资料的高分辨率模拟。

WRF Single-Moment-3-class（WSM3）方案：该方案来自旧的 NCEP3 方案的修正，包括冰的沉降和冰相的参数化，和其他方案不同的是诊断关系所使用冰的浓度是基于冰的质量含量而非温度。方案包括 3 类水物质：水汽、云水或云冰、雨水或雪。在这种被称为简单的冰方案里面，云水和云冰被作为同一类来计算。它们的区别在于温度，也就是说当温度低于或等于凝结点时冰云存在，否则水云存在，雨水和雪也是这样考虑的。

Ferrier 方案：该方案也叫作 new Eta Ferrier 方案，与水物质有关的预报变量有两类，一类是水汽混合比，另一类是把云水、雨水以及冰、雪、霰等的混合物总量作为一个预报变量。降水由混合物总量通过诊断关系计算出来，计算过程中考虑了复杂的微物理过程。这个方案改变了模式中水汽和冷凝物的平流输送。在雪、霰或者冰雨形成中，它可以提取局地云水、雨、云冰和冰水密度变化的初步预测信息，这样能够快速调整微物理过程，以适应大时间积分步长。

Goddard GCE 方案：从 3.0 版本开始被引入 WRF 模型中。该方案微物理过程也考虑了对霰的预报，在 Lin 等方案的基础上对冰/水饱和度进行修正，方案中增加了雹/霰转换和是否剔除霰或雪过程的开关选项。

3.3.5.2   积云对流

Betts-Miller-Janjic（BMJ）方案：在对流区存在着特征温湿结构，当判断有对流活动时，对流调整使得大气的温湿结构向着这种特征调整，调整速度和特征结构的具体形式可根据大量试验得出。分别考虑深对流和浅对流过程的作用，并采用虚湿绝热线，即根据观测试验修正的湿绝热线作为参数调整温湿场的参考廓线，该积云对流方案确保了模式中收到对流强烈影响的局地垂直温湿结构是逼真的。

Grell-Devenyi（GD）方案：原型是 A-S 质量通量类型，该方案采用准平衡假设，使用 2 个由上升和下沉气流决定的稳定状态环流构成的云模式，除在环流顶和底外，云与环境空气没有直接混合。

3.3.5.3   辐射

RRTM 长波辐射方案：来自 MM5 模式，采用了 Mlawer 等的方法。它是利用一个预先处理的对照表来表示由于水汽、臭氧、二氧化碳和其他气体，以及云的光学厚度引起的长波过程。

Eta Geophysical Fluid Dynamics Laboratory（GFDL）长波辐射方案：这个辐射方案来自 GFDL。它将 Fels 和 Schwarzkopf 的两个方案简单地结合起来，计算了二氧化碳、水汽、臭氧的光谱波段。

Dudhia 短波辐射方案：来自 MM5 模式，采用 Dudhia 的方法，它是简单地累加由于干净空气散射、水汽吸收、云反射和吸收所引起的太阳辐射通量，此方案采用了 Stephens 的云对照表。

Goddard 短波辐射方案：它是由 Chou 和 Suarez 发展的一个复杂光学方案，包括了霰的影响，适用于云分辨模式。

Eta Geophysical Fluid Dynamics Laboratory（GFDL）短波辐射方案：这个短波辐射方案是 Lacis 和 Hansen 参数化的 GFDL 版本。用 Lacis 和 Hansen 的方案计算大气水汽、臭氧的作用，用 Sasamori 等的方案计算二氧化碳的作用，云是随机重叠考虑的，短波计算用到时间间隔太阳高度角余弦的日平均。

3.3.5.4   边界层

边界层参数化方案已成为数值模型的一个重要组成部分，可以为数值模型提供有效的初边值条件。研究表明，加入边界层参数化方案之后，模式对暴雨的模拟能力有较大的提高，模拟的雨带走向、降水中心分布与实况更为接近，对于热带气旋强度、结构和降水落区等的预报，采用不同的边界层参数化方案得到的模拟结果存在较大差异。

YSU 方案：典型的一阶非局地闭合方案，是 MRF 方案的第二代，采用倾斜计算法来描述因非局部产生的通量，并在边界层顶部加入了一个卷挟层，边界层高度由多数 0 度的临界理查森数决定，因此边界层高度仅取决于浮力廓线。

Mellor-Yamada-Janjic（MYJ）方案：通过预报湍流动能来计算湍流扩散系数的一种方案。

ACM2 方案：即不对称对流模式第二代方案，具有非局地向上混合和局地向下混合的非对称对流模式，能够描述对流边界层中超网格尺度和次网格尺度的湍流输送过程，而且也可以模拟在浮力热羽中的快速上升运动和湍流扩散引起的局地切边过程。

QNSE-EDMF 方案：一种湍流动能局地闭合预报方案，该方案中运用了一个新的适用于稳定层区域的理论，白天部分运用湍流扩散质量通量的方法处理浅对流。

BouLac 方案：是一个 1.5 阶湍流动能局地预报方案，能够预报不同类型下垫面上晴天湍流强度和具体位置。该方案通过湍流动能阈值来确定边界层高度，即当湍流动能下降到一定值时，判定该层高度为边界层高度。要涉及地形影响产生的湍流在中尺度模式中的参数化，该方案对于陡峭地形下的晴空湍流强度和位置预报效果较好，并且能够持续地提供湍流动能强度预报。

3.3.5.5　陆面过程

陆面过程是影响气候变化的基本物理过程之一，陆地下垫面状况在很大程度上决定了陆地表面的能量和水分平衡，从而深刻地影响局地、区域乃至全球大气环流和气候的基本特征。

热力扩散方案：基于 MM5 的 5 层土壤温度模式，分别是 1 cm、2 cm、4 cm、8 cm 和 16 cm，在这些层下温度固定为日平均值，能量计算包括辐射、感热和潜热通量，同时也允许雪盖效应。

Noah 方案：Noah 陆面过程参数化是 OSU 的后继版，与原先的相比，可以预报土壤结冰、积雪影响，提高了处理城市地面的能力，考虑了地面发射体的性质，这些是 OSU 所没有的。

Rapid Update Cycle（RUC）方案：这个方案有 6 个土壤层和 2 个雪层。它考虑了土壤结冰过程、不均匀雪地、雪的温度和密度差异以及植被效应和冠层水。

3.4　WRF 后处理

3.4.1　WRF 输出文件格式

运行 WRF 得到的结果文件格式为 NetCDF（Network Common Data Form），NetCDF

网络通用数据格式是由美国大学大气研究协会（University Corporation for Atmospheric Research，UCAR）的 Unidata 项目科学家针对科学数据的特点开发的，截至目前已被广泛应用于大气科学、水文、海洋学、环境模拟、地球物理等诸多领域。

NetCDF 数据集（文件后缀通常为.nc）的格式不是固定的，它是使用者根据需求自己定义的。一个 NetCDF 数据集包含维（dimensions）、变量（variables）和属性（attributes）3 种描述类型，每种类型都会被分配一个名字和一个 ID，这些类型共同描述了一个数据集，NetCDF 库可以同时访问多个数据集，用 ID 来识别不同数据集。变量存储实际数据，维给出了变量维度信息，属性则给出了变量或数据集本身的辅助信息属性，又可以分为适用于整个文件的全局属性和适用于特定变量的局部属性，全局属性则描述了数据集的基本属性以及数据集的来源。一个 NetCDF 文件的结构包括以下对象：

NetCDF name｛

Dimensions：… //定义维数

Variables：… //定义变量

Attributes：… //属性

Data：…//数据

｝

在 Linux 机器上安装 NetCDF 库之后，即可使用 ncdump、ncview 等命令对 WRF 输出文件进行查看及图形化。

3.4.2　后处理工具

有多种可视化工具及脚本语言可以用于 WRF 输出结果的图像展示、数据提取及数据处理。以下几个后处理工具均可支持 NetCDF 数据集：NCL、RIP4、ARWpost（主要用于将 WRF 结果数据转换为 GrADS 可识别的格式）、WPP 及 VAPOR，其中 NCL 应用范围较广，以下重点对 NCL 进行介绍。

3.4.2.1　NCL

NCL（NCAR Command Language）是由 NCAR 开发的一种专注于科学数据分析和可视化的解释性语言。在使用 NCL 读取及处理 WRF 输出文件时，首先需要创建一个 NCL 脚本，NCL 脚本的基本构成如下：

load external functions and procedures　！加载外部函数或程序

begin

；Open input file（s）　！打开一个文件

；Open graphical output　！打开绘图功能

；Read variables　　！读入相关参数

；Set up plot resources & Create plots　　！设置图形化选项及创建图层

；Output graphics　　！输出图像

end

在创建并编辑好 NCL 脚本后，输入运行命令即可运行脚本：

#ncl *NCL_script*　　！运行 NCL 脚本文件

2007 年 7 月，WRF-NCL 后处理脚本被整合进了 NCL 函数库中，因此系统上安装了 NCL 库之后，可以直接调用与 WRF-ARW 相关的函数，所有包含的函数见：http://www.ncl. ucar.edu/Document/Functions/wrf.shtml（见图 3-19）。

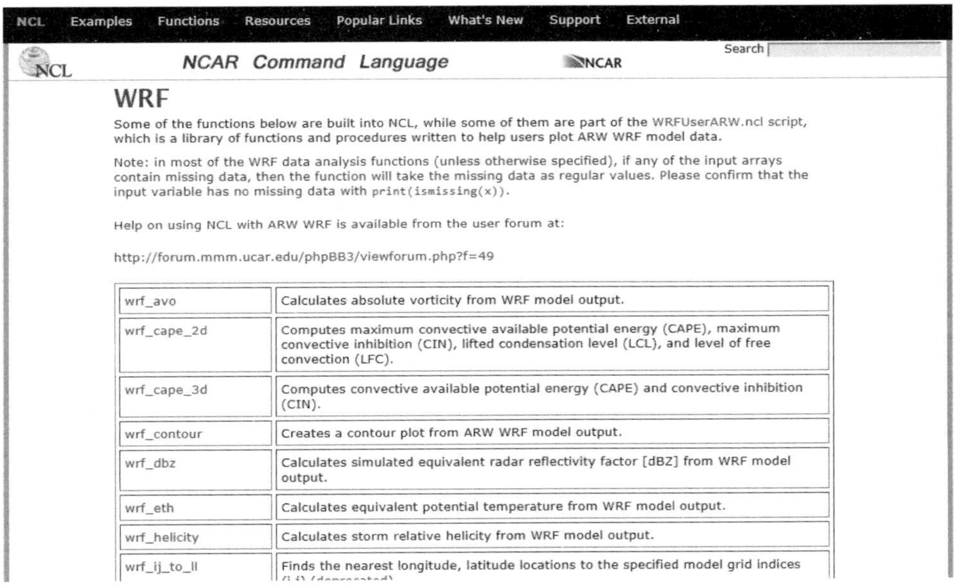

图 3-19　NCL 网站上 WRF 函数专页

为了方便用户进一步了解 NCL，NCL 官网提供了非常完整详细的帮助文档手册，以下两本手册可以作为初次接触 NCL 的入门指导：①语法手册 Mini-Language（pdf）：http://www.ncl.ucar.edu/Document/Manuals/language_man.pdf；②绘图手册 Graphics（pdf）：http://www.ncl.ucar.edu/Document/Manuals/graphics_man.pdf。

除此之外，NCL 官网还提供了丰富的脚本示例供初学者学习：http://www.ncl.ucar. edu/Applications/。

3.4.2.2　ARWpost

GrADS（Grid Analysis and Display System）是美国马里兰大学气象系开发的一款气象

数据分析显示软件，是当今气象界广泛使用的一种数据处理和显示软件系统。为了方便用户使用 GrADS 对 WRF 输出结果进行处理，ARWpost 模块被整合进了 WRF 模型中。

使用 ARWpost 只需先编译安装 ARWpost，步骤如下：①解压文件；②cd ARWpost；③./configure 选择所要使用的编译器；④./compile 进行编译。成功编译后，编辑设置 namelist.ARWpost 文件，然后运行 ARWpost 即可得到 GrADS 可识别的格式文件。

第 4 章
空气质量模型 CMAQ 安装

读者开始学习本部分之前，请注意如下提示：

CMAQ 模拟之前，需要准备再分析场数据（GFS 或者 FNL）、地理数据（geo_em.d0*.nc）、WRF 气象数据（wrfout_d0*）和大气污染源排放清单数据等。要确定自己项目的模拟范围，制订一个模拟区域（可嵌套），CMAQ 的模拟范围需比 WRF 设置网格区域小。

4.1 CMAQ 简介

4.1.1 CMAQ 主要功能

CMAQ 模型中的主要模块包括：

（1）CCTM——化学传输模块，包括化学过程和传输过程，计算污染物浓度。

（2）MCIP——气象化学接口处理模块，为 CMAQ 和源处理模块提供 I/OAPI 格式的气象输入数据。

（3）SMOKE——排放化学接口处理模块，也可通过其他工具实现，为 CMAQ 生成逐时的点源、面源三维排放数据。

（4）ICON 和 BCON——初始场和边界场处理模块，利用清洁对流层垂直廓线或大区域三维模拟资料为新的模拟提供初始和边界的浓度数据。

（5）PA——过程分析，对目标污染物的浓度进行各个物理化学过程贡献的分解。

CMAQ 目前最新稳定版本为 5.2，读者可直接从 www.cmascenter.org 网站（见图 4-1）免费下载最新的 CMAQ 脚本程序以及相应初始数据（或者在 Linux 系统下通过 GitHub 下载：git clone -b 5.2 https：//github.com/USEPA/CMAQ.git CMAQ_REPO）。

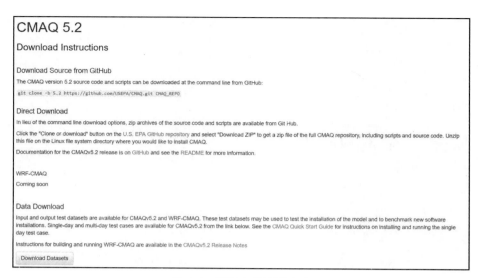

图 4-1　网站免费下载方式

4.1.2　CMAQ 概述

　　CMAQ 模型是由美国国家环境保护局（USEPA）开发的三维欧拉大气化学和传输模拟系统。它基于"一个大气"的设计理念，能够对臭氧、颗粒物、有毒空气污染物、能见度和酸性及多种污染物种类进行模拟，可以在区域至半球尺度上解决不同空气质量问题之间的复杂相互作用问题，便于对空气质量进行评估和决策分析。CMAQ 不仅具有传统空气质量模型的典型特征，还具有双向嵌套和弹性嵌套的特征，即多重网格同时进行计算。CMAQ 支持的化学反应机制有 CB 机制（Carbon Bond Mechanism）和 SAPRC 机制等多种光化学机理。同时，它还提供了过程分析（Process Analysis）的工具，包括综合过程速率分析（Integrated Process Rate，IPR）和综合反应速率分析（Integrated Reaction Rate，IRR），能够分离和量化不同物理、化学过程对污染物浓度的贡献，便于解释模拟结果（见图 4-2）。

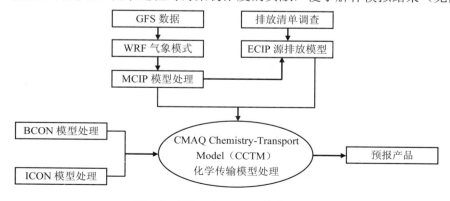

图 4-2　WRF-CMAQ 计算流程示意

CMAQ 的计算原理如下：

$$\frac{\partial\left(\overline{\varphi_i}J_\xi\right)}{\partial t}=-m^2\cdot\nabla_\xi\cdot\left(\frac{\overline{\varphi_i}J_\xi\overline{\hat{V}_\xi}}{m^2}\right)-\frac{\partial\left(\overline{\varphi_i}J_\xi\overline{\hat{v}}^3\right)}{\partial\hat{x}_3}+\frac{\partial}{\partial\hat{x}^3}\left[\overline{\rho}J_\xi\left(\hat{K}^{31}\frac{\partial\overline{q_i}}{\partial\overline{\hat{x}}^1}+\hat{K}^{32}\frac{\partial\overline{q_i}}{\partial\overline{\hat{x}}^2}\right)\right]$$

$$+\frac{\partial}{\partial\hat{x}^3}\left[\overline{\rho}J_\xi\left(\hat{K}^{33}\frac{\partial\overline{q_i}}{\partial\overline{\hat{x}}^3}\right)\right]+m^2\frac{\partial}{\partial\hat{x}^1}\left[\frac{\overline{\rho}J_\xi}{m^2}\left(\hat{K}^{11}\frac{\partial\overline{q_i}}{\partial\overline{\hat{x}}^1}\right)\right]-m^2\frac{\partial}{\partial\hat{x}^2}\left[\frac{\overline{\rho}J_\xi}{m^2}\left(\hat{K}^{22}\frac{\partial\overline{q_i}}{\partial\overline{\hat{x}}^2}\right)\right]$$

$$+m^2\frac{\partial}{\partial\hat{x}^1}\left[\frac{\overline{\rho}J_\xi}{m^2}\left(\hat{K}^{13}\frac{\partial\overline{q_i}}{\partial\overline{\hat{x}}^3}\right)\right]+m^2\frac{\partial}{\partial\hat{x}^2}\left[\frac{\overline{\rho}J_\xi}{m^2}\left(\hat{K}^{23}\frac{\partial\overline{q_i}}{\partial\overline{\hat{x}}^3}\right)\right]+J_\xi R_{\varphi_i}\left(\overline{\varphi_1},\cdots,\overline{\varphi_N}\right)$$

$$+J_\xi Q_{\varphi_i}+\left[\frac{\partial\overline{\varphi_i}J_\xi}{\partial t}\right]_{\text{cld}}+\left[\frac{\partial\overline{\varphi_i}J_\xi}{\partial t}\right]_{\text{aero}}+\left[\frac{\partial\overline{\varphi_i}J_\xi}{\partial t}\right]_{\text{ddep}}$$

方程左边为某污染物小时浓度的变化速率，右边各项依次为水平传输、垂直传输、扩散过程、化学反应、源排放、云过程、气溶胶过程和干沉降等物理和化学过程，模型计算出的污染物浓度是各个过程综合作用的结果。

CMAQ 模型的计算流程如图 4-3 所示。

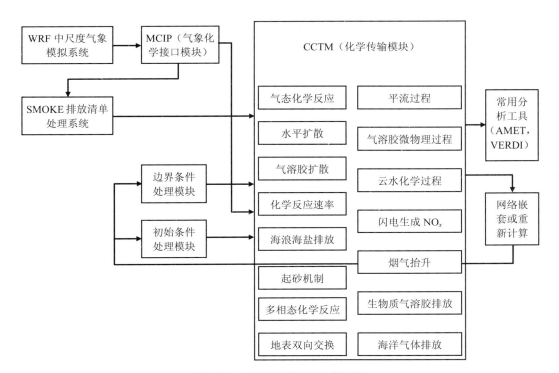

图 4-3　CMAQ 模型的计算流程

4.2   CMAQ 安装

CMAQ 安装需要遵照如下步骤：

（1）检查 Fortran、C 语言编译器是否在 linux 系统安装。

（2）检查并安装 Git，它是一个源代码控制和管理软件，在 CMAQ 安装中用于下载稳定版本的源代码。

（3）下载 I/O API、NetCDF 源代码，并安装相应的库，用于控制 CMAQ 输入/输出文件的数据结构和输入/输出数据流。

（4）安装消息传递接口（Message Passing Interface，MPI）并行计算环境，MPI 库用于创建 CMAQ 的并行（多处理器）应用程序。CMAQ 已经过 OpenMPI、MVAPICH2 和 Intel MPI 库的测试。

（5）下载 CMAQ 源代码并开始安装实验。

4.2.1   安装系统环境要求

4.2.1.1   硬件要求

必须保证如下最低配置要求：

（1）Linux 计算机系统；

（2）1 GB 内存；

（3）100 GB 的硬盘空间。

4.2.1.2   软件需求

CMAQ 运行所需的程序及库文件见表 4-1，其中需要注意 CMAQ5.0 以上版本需要安装 I/O API 3.1 版本，否则安装将会失败。

表 4-1   CMAQ 主要结构介绍

软件	功能介绍	来源
CMAQ 主程序		
Bldmake	代码管理和编译器	CMAQ5.2 安装包中自带
ICON	初始条件处理模块	
BCON	边界条件处理模块	
MCIP	气象化学接口模块	
CCTM	CMAQ 化学传输模块	

软件	功能介绍	来源
CHEMMECH	CMAQ 中修改或增加化学机理的子程序	CMAQ5.2 安装包中自带
CREATE_EBI	化学求解器	
编译器		
IFORT	Intel Fortran 90 编译器	<http://www.intel.com>
PGF90	Portland Group Fortran 90 编译器	<http://www.pgroup.com/>
GFORT	Gnu Fortran 编译器	<http://gcc.gnu.org/fortran/>
GCC	Gnu C 编译器	<http://gcc.gnu.org/>
代码库		
OpenMPI	消息传递接口库，用于 CMAQ 并行计算的库	<https：//www.open-mpi.org>
MPICH	消息传递接口库，用于 CMAQ 并行计算	<http://www.mcs.anl.gov/research/projects/mpich2/>
NetCDF	一种地学通用的文件格式	<http://www.unidata.ucar.edu/software/netcdf/>
I/O API	用于控制内部和外部交互的输入/输出应用程序接口	<https：//www.cmascenter.org/ioapi/>
LAPACK	用于控制内外通信的编程接口模块	<http://www.netlib.org/lapack/>
BLAS	用于双向共模块的线性代数包	<http://netlib.org/blas/>
CMAQ-5.0.2 CVS	用于管理 CMAQ 源代码发布包的系统	<http://ximbiot.com/cvs/cvshome/>

　　CMAQv5.2 的安装系统可以在不同版本 Linux 系统中安装运行，本章在介绍时，主要在 Redhat 系统中对 CMAQv5.2 进行安装和编译（见图 4-4）。

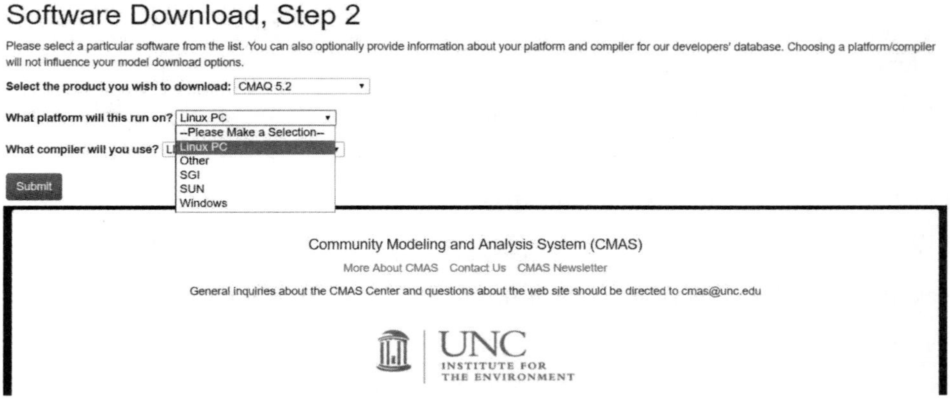

图 4-4　CMAQv5.2 程序安装系统选择界面

4.2.1.3　安装系统的要求

　　在 CMAQv5.2 安装时，一般建议环境变量设置如下：

CMAQ_HOME=　　　　主目录，即 CMAQv5.2 的解压位置

CMAQ_LIB=$CMAQ_HOME/lib　　　主目录下存放库文件的文件夹

CMAQ_DATA=$CMAQ_HOME/data　　　主目录下存放结果文件

4.2.2　安装辅助软件要求

在安装 CMAQv5.2 之前需要 NetCDF 和 I/O API 的配套库，具体要求见表 4-2。

表 4-2　CMAQ 辅助软件安装参数说明

类型	Intel Fortran 编译器	PGI Fortran 编译器	Gnu Fortran 编译器
NetCDF	CC = icc CPPFLAGS = -DNDEBUG –DpgiFortran CFLAGS = -g –O FC = ifort F77 = ifort FFLAGS = –O2 –mp –recursive CXX = icpc	CC = gcc CPPFLAGS = -DNDEBUG –DpgiFortran CFLAGS = -O FC = pgf90 FFLAGS = -O –w CXX = g++	CC = gcc CPPFLAGS = -DNDEBUG –DgFortran CFLAGS = -O FC = gfortran FFLAGS = -O –w CXX = g++
I/O API 32-bit	BIN = Linux2_x86ifort	BIN = Linux2_x86pg_pgcc_nomp	N/A
I/O API 64-bit	BIN = Linux2_x86_64ifort	BIN = Linux2_x86_64pg_pgcc_nomp	BIN = Linux2_x86_64gfort

在 WRF 安装运行章节，大家已经在服务器上安装好了 NetCDF 软件，这里简要介绍 I/O API 的安装过程，以 I/O API 3.1 版本为例，具体安装过程如下：

（1）从 CMAS 中心下载 IOAPI3.1 压缩包，并在 CMAQ_LIB 目录下解压：tar xvzf ioapi-3.1.tar.gz。

（2）设置环境变量 BIN：setenv BIN `uname -s``uname -r | cut -d. -f1`。例如，本机设置为 Linux2_x86_64ifort。

（3）新建目录：mkdir　$BASEDIR/$BIN。

（4）在 ioapi 文件夹下将 Makefile.nocpl 复制成为 Makefile：cp Makefile.nocpl Makefile；修改 Makefile 设置目录、参数等（将变量 BASEDIR 更改为指向 Linux 系统上的 I / O API 安装目录）：vi Makefile 然后编译：make。

（5）编译成功后会在$BIN 文件夹下生成 libioapi.a，然后复制或者链接 NetCDF 的库文件到该目录下。

（6）在 m3tools 文件夹也进行同样的操作，编译成功会生成 m3*等文件。

4.2.3　CMAQ 系统安装

CMAQv5.2 的安装与编译：

（1）在 Linux 相应的目录下输入 git clone -b 5.2 https：//github.com/USEPA/CMAQ.git

CMAQ_REPO 以复制 CMAQv5.2 的 EPA GitHub 存储库，待安装包下载完成。

（2）进入到 CMAQ_REPO 目录，编辑 bldit_project.csh，根据用户需求修改其中的 CMAQ_HOME。之后运行该脚本（./ bldit_project.csh）得到 CMAQv5.2 目录文件夹。

（3）在 CMAQv5.2 下新建 lib 文件夹，并将之前安装好的 NetCDF、ioapi 和 mpi 目录复制或链接到该文件夹下。

（4）在 CMAQv5.2 下编辑 config_cmaq.csh，根据实际情况修改环境变量的位置，示例如下：

```
case intel：
#>I/O API，netcDF，and MPI 库文件路径
setenv IOAPI MOD DIR /home/username/CMAQv5.2/1ib/ioapi/module    预编译模块
setenv IOAPI INCL DIR /home/username/CMAQv5.2/lib/ioapi/include    include 文件
setenv IOAPI LIB DIR /home/username/CMAQv5.2/lib/ioapi/lib    I/O API 库文件
setenv NETCDF LIB DIR /home/username/CMAQv5.2/lib/netcdf/lib    NetCDF 路径
setenv NETCDF INCL DIR /home/username/CMAQv5.2/lib/netcdf/include    NetCDF
include 文件路径
setenv MPI LIB DIR/home/username/CMAQv5.2/1ib/mpi        MPI 并行计算文件路径
setenv myDBG "-00-g-check bounds -check uninit -fpe0-fno-alias -ftrapuv -traceback"
setenv myLINK FLAG "-openmp"setenv myFFLAGS "-fixed-132"
setenv myFRFLAGS "-free"
setenv myCFLAGS "-02"
setenv extra lib "-lcurl"
# setenv extra lib ""
setenv mpi lib "-lmpich"
```

（5）执行 config_cmaq.csh 脚本：source config_cmaq.csh [compiler]，其中 compiler 根据用户实际使用的编译器情况设定（需与之前相应库文件使用的编译器保持一致的 intel、pgi 或者 gcc）。

（6）Bldmake 编译：进入到$CMAQ_REPO/UTIL/bldmake/scripts 目录，根据具体情况编辑 bldit_bldmake.csh 脚本，运行该脚本（./ bldit_bldmake.csh）。

```
set BLDDIR="$CMAQ HOME/UTIL/b1dmake"
setenv BLDER "${ BLDDIR}/${ BLDEXE}"
#>Make bldmake directory if it does not exist
if（!-d $BLDDIR）mkdir -pv $BLDDIR
#>Compile BLDMAKE source code
```

```
set BLDSRCDIR="$CMAQ REPO/UTIL/b1dmake/src"
set flist= （\
        cfg module\
        bldmake\
        parser\
        utils）
#>Clean Destination BLDMAKE directory
cd $BLDDIR
rm*.o*. mod $BLDER
#>Create object Files
cd $BLDSRCDIR
foreach file（$flist）
$myFC-C $myFFLAGS $file.f -o $BLDDIR/$file.o
end
#>Compile BLDMAKE Cd SBLDDIR
```

（7）icon 和 bcon 模块的编译：进入到$CMAQ_REPO/PREP 目录下的 icon 和 bcon 文件夹下分别执行如下命令：./bldit_icon.csh [compiler] [version] |& tee build_icon.log

./bldit_bcon.csh   [compiler] [version] |& tee build.bcon.log

执行完成之后查看 log 日志文件是否编译成功。

（8）Mcip 的编译是较为重要的一个环节，编译成功后会生成 mcip.exe 可执行文件：首先进入到$CMAQ_HOME/PREP/mcip/src 目录下；执行如下命令：source ../../../config_cmaq.csh，实现环境变量的更新；接着对该目录下的 Makefile 文件进行修改，主要核查$NETCDF_DIR、$IOAPI_DIR 的目录位置和$myFC 的编译器类型是否一致，修改示例如下：

```
. SUFFIXES：
. SUFFIXES：.O .f90 .F90
MODEL=mcip. exe
FC=${ myFC}
FFLAGS=$（myFRFLAGS）-$（NETCDF DIR）/include –I$（IOAPI DIR）/include
LIBS =-L$（IOAPI DIR）/1ib $（ioapi lib）\
-L$（NETCDF DIR）/1ib $（netcdf lib）$（extra lib）
DEFS =
```

修改完成后执行命令：make |& tee make.mcip.log，最终生成 mcip.exe 可执行文件。

（9）CCTM 模块的编译：进入到如下目录$CMAQ_HOME/CCTM/scripts；并对 bldit_cctm.

csh 文件进行具体修改，修改如下：

①确定 VRSN 变量名，保持前后一致，核查 CCTM_SRC 目录是否正确。

```
#>源代码路径
setenv CCTM SRC ${CMAQ REPO]/cCTM/srC       #>CCTM 代码路径
set GlobInc=$CCTM SRC/ICL   #>全局 include 路径
set Mechs =$CCTM SRC/MECHS  #>化学机制文件路径
setenv REPOROOT SCCTM SRC
set VRSN=V52   #>模式编译版本
set EXEC =CCTM ${VRSN}.exe   #>编译执行程序名称
set CFG =CCTM ${VRSN}.Cfq
```

②选择相关物理化学机制，如 ModDriver、ModInit、ModDepv、ModEmis、ModBiog、ModPlmrs、ModPhot、Mechanism、ModAero、ModCloud 和 ModPa 等机制。

③确定相关编译器和 IOAPI、NetCDF 文件的位置。

```
setenv FC ${ myFC}    fortran 编译器的路径
#>path of Fortan compiler；set in config. cmag set FP=$FC
#>path of Fortan preprocessor；set in config. cmag set CC=${ myCC}>path of C compiler；
set in config. cmag
setenv BLDER ${ CMAQ HOME]/UTIL/bldmake/bldmake ${ compilerstring}. exe 编译
可执行文件名称
#>Libraries/include files
set LIOAPI ="${ IOAPI DIR）/1ib ${ ioapi 1ib]"   I/O API 主路径
set IOAPIMOD="${ IOAPI DIR]/include files"   I/O API includ 文件路径
set NETCDF ="${ NETCDE DIR]/1ib ${ netcdf lib}"   netcdf 文件路径
set PNETCDF="$（PNETCDE DIR}/lib ${ pnetcdf lib）"   netcdf 并行库文件
set PIO INC="${ IOAPI DIR]/ioapi"
```

④修改完成后执行如下命令：./bldit_cctm.csh [compiler] [version] |& tee build_cctm.log，编译成功后会在 BLD_CCTM_v52_intel 目录下生成一系列可执行文件（其中必须生成 CCTM_v52.exe）。

CMAQv5.2 模型安装编译完成后将在主目录下生成如下结构：

• CCTM——化学传输模块（Chemistry Transport Model source code，scripts，and release notes）。

• PREP——输入的前处理软件模块［Input pre-processing software（e.g., ICON，BCON，MCIP）source code and scripts］。

- UTIL —— 相关实用软件模块〔Utility software（e.g.，BLDMAKE，CHEMMECH，NML）source code and scripts〕。
- POST —— 后处理和数据分析模块〔Post-processing and analysis software（e.g.，COMBINE，HR2DAY，BLDOVERLAY）source code and scripts〕。
- DOCS —— 相关文档（This User's Manual，tutorials，and developers guidance）。

4.3 CMAQ 运行

4.3.1 气象数据和源清单预处理

CMAQv5.2 模型的运行需要将气象数据和源清单预处理成合适的格式，作为模型的输入数据。本部分以 CMAS 官网提供的参考/基准数据作为模型的输入数据，具体数据可在 www.cmascenter.org/download 网站下载。下载完成后需将其复制到$CMAQ_DATA 目录下，并解压缩这两个单日基准输入/输出文件，具体执行命令如下：

cd $CMAQ_DATA

tar xvzf CMAQv5.2_Benchmark_SingleDay_Input.tar.gz

tar xvzf CMAQv5.2_Benchmark_SingleDay_Output.tar.gz

解压后的模型输入/输出文件见表 4-3。

表 4-3　CMAQ 输入/输出文件格式说明

文件名称	文件类型	时间依赖性	空间维度	来源
一般性				
GRIDDESC（水平域定义）	ASCII	n/a	n/a	用户定义/MCIP
gc_matrix.nml	ASCII	n/a	n/a	CSV2NML
ae_matrix.nml	ASCII	n/a	n/a	CSV2NML
nr_matrix.nml	ASCII	n/a	n/a	CSV2NML
tr_matrix.nml	ASCII	n/a	n/a	CSV2NML
ICON（初始条件）				
IC_PROFILE	ASCII	年度	n/a	用户定义
CTM_CONC_1	GRDDED3	小时	XYZ	CCTM
MET_CRO_3D	GRDDED3	小时	XYZ	MCIP
BCON（边界条件）				
BC_PROFILE	ASCII	年度	n/a	用户定义
CTM_CONC_1	GRDDED3	小时	XYZ	CCTM
MET_CRO_3D	GRDDED3	小时	XYZ	MCIP
JPROC（光解速率）				

文件名称	文件类型	时间依赖性	空间维度	来源
ET	ASCII	年度	n/a	用户定义
PROFILES	ASCII	年度	n/a	用户定义
O2ABS	ASCII	年度	n/a	用户定义
O3ABS	ASCII	年度	n/a	用户定义
TOMS	ASCII	变化	n/a	用户定义
CSQY	ASCII	Annual	n/a	用户定义
MCIP（气象预处理）				
InMetFiles	Binary or NetCDF	小时或分钟	XYZ	MM5 或 WRF-ARW
InTerFile InSatFiles	Binary		XY	MM5 或 WRF-ARW
CCTM（化学传输）				
INIT_CONC_1	GRDDED3	不随时间变化	XYZ	ICON/CCTM
BNDY_CONC_1	BNDARY3	小时	[2（X+1）+2（Y+1）]+Z	BCON
JTABLE	ASCII	每日	n/a	JPROC
OMI	ASCII	每日	n/a	
EMIS_1	GRDDED3	小时	XYZ	SMOKE
OCEAN_1	GRDDED3	不随时间变化	XY	
GSPRO	ASCII	不随时间变化	n/a	用户定义
B3GRD	GRDDED3	不随时间变化	XY	SMOKE
BIPSEASON	GRDDED3	不随时间变化	XY	
STK_GRPS_nn	GRDDED3	不随时间变化	XY	SMOKE
STK_EMIS_nn	GRDDED3	不随时间变化	XY	SMOKE
DUST_LU_1	GRDDED3	不随时间变化	XY	
DUST_LU_2	GRDDED3	不随时间变化	XY	
MODIS_FPAR	GRDDED3	不随时间变化	XY	
CROPMAP01	GRDDED3	不随时间变化	XY	Cropcal
CROPMAP04	GRDDED3	不随时间变化	XY	Cropcal
CROPMAP08	GRDDED3	不随时间变化	XY	Cropcal
LTNGNO	GRDDED3	小时	XYZ	用户定义
NLDN_STRIKES	GRDDED3	小时	XY	
LTNGPARMS_FILE	GRDDED3	不随时间变化	XY	
BELD4_LU	GRDDED3	不随时间变化	XY	
E2C_SOIL	GRDDED3	不随时间变化	XY	
E2C_FERT	GRDDED3	每日	XY	
MEDIA_CONC	GRDDED3	小时	XY	
INIT_GASC_1	GRDDED3		XY	
INIT_AERO_1	GRDDED3		XY	
INIT_NONR_1	GRDDED3		XY	
INIT_TRAC_1	GRDDED3		XY	
GRID_CRO_2D	GRDDED3	不随时间变化	XY	MCIP

文件名称	文件类型	时间依赖性	空间维度	来源
GRID_CRO_3D	GRDDED3	不随时间变化	XYZ	MCIP
GRID_BDY_2D	GRDDED3	不随时间变化	PERIM*Z	MCIP
GRID_DOT_2D	GRDDED3	不随时间变化	（X+1）*（Y+1）	MCIP
MET_BDY_3D	BNDARY3	小时	PERIM*Z	MCIP
MET_CRO_2D	GRDDED3	小时	XY	MCIP
MET_CRO_3D	GRDDED3	小时	XYZ	MCIP
MET_DOT_3D	GRDDED3	小时	（X+1）*（Y+1）*Z	MCIP

4.3.2　CMAQ 各模块运行

简单来说，MCIP 模块将 WRF 的气象场数据处理成 CMAQ 能读的格式；ICON 和 BCON 模块可以将初始条件垂直廓线和边界条件垂直廓线处理成合适的初始、边界文件，抑或将上层嵌套的 CCTM 输出结果处理成可供下一层模拟使用的初始、边界文件；SMOKE 或 ECIP 等模块将源清单处理成合适的排放源文件（EMIS_1、OCEAN_1）；JPROC 模块预处理能够为模型输入晴空光解速率文件（JVAL_file）。剩余可选的排放模块包括沙尘排放模块、耕地排放模块、闪电排放 NO 模块和生物排放模块等。

以上预处理模块运行完成后，需将其输出文件移动到$CMAQ_HOME/data 目录下，接下来便是核心模块 CCTM 的修改与运行。

首先需要进入脚本目录：cd $CMAQ_HOME/CCTM/scripts；编辑 run_cctm.csh 脚本（vi run_cctm.csh）；选择是否进行并行运算及需要调取的进程数：

```
#>设置并行计算参数
if（$PROC==serial）then
setenv NPCOL NPROW "1 1"；set NPROCS =1      单核计算
else
@ NPCOL=4；
@ NPROW=2
@ NPROCS=$NPCOL * $NPROW  调用的进程数=NPCOL*NPROW
setenv NPCOL_NPROW "SNPCOL $NPROW"；
end if
```

选择编译器、化学机制并核查相关文件位置：

```
#>选择设置正确的编译环境选项包括：intel/gcc/pgi
if（! $? compiler）then
setenv compiler intel
endif
```

```
#>设置环境变量
source./config cmaq. csh $compiler cd CCTM/scripts
#>设置模拟一般参数
set PROC=mpi    串行 or 并行计算
set MECH =cb6r3 ae6 ag    化学机制代码
set EMIS =2013ef    排放清单情况
set APPL =SE52BENCH    编译程序名称
setenv RUNID ${ VRSN}${ compilerString}${ APPL}
#>设置编译文件路径
set BLD =${ CMAQ_HOME}/CCTM/scripts/BLD_CCTM_${ VRSN}_${ compilerstring}
set EXEC=CCTM ${ VRSN}. exe cat $BLD/CCTM ${ VRSN}. cfg;  echo ""
```

设置模型运行起止时间、运行时长和输出时间步长：

```
setenv NEW START TRUE
set START DATE="2011-07-01"    起始日期 2011-07-01
set END DATE ="2011-07-02"    结束日期 2011-07-02
设置时间参数
set STTIME =000000    起始时间 0 点
set NSTEPS =360000    运行时间 36 h
set TSTEP =010000    时间步长 1 h
```

设置模型输出，对积分步长和相关机制进行选择：

```
#>ACONC 文件物种设置
setenv AVG CONC SPCS "ALL"    全部物种
setenv ACONC BLEV ELEV "1 1"    ACONC 结果垂直层数设置
setenv AVG FILE ENDTIME N
setenv EXECUTION ID $EXEC    自定义可执行文件的 ID
setenv CTM MINSYNC 60
setenv SIGMA SYNC TOP 0.7    西格玛垂直顶层高度
setenv CTM ADV CFL 0.95
setenv CTM ERODE AGLAND Y    考虑农田起砂机制
setenv CTM WBDUST BELD BELD3    根据地形文件识别起砂区域
setenv CTM LTNG NO Y    考虑闪电生成 NOx 过程
setenv CTM WVEL Y    导出垂直速度分量
setenv KZMIN Y
```

待相应设置选择修改完成后，运行主程序./run_cctm.csh |& tee cctm.log。

CMAQv5.2 能够输出多种空气质量变量要素，主要包括 NO、NO_2、O_3、SO_2、H_2O_2、HNO_3 等，具体见表 4-4。

表 4-4　空气质量变量要素

序号	变量名	说明	序号	变量名	说明
1	NO	一氧化氮	14	ANO3	硝酸盐
2	NO_2	二氧化氮	15	ASO4	硫酸盐
3	NO_3	硝酸盐自由基	16	ANH4	铵盐
4	HNO_3	硝酸	17	AEC	元素碳
5	HONO	气态亚硝酸	18	APOC	一次有机碳气溶胶
6	H_2O_2	过氧化氢	19	ASOC	二次有机碳气溶胶
7	HCL	盐酸	20	AOTHR	一次其他细颗粒物
8	NH_3	氨气	21	ACORS	一次其他粗颗粒物
9	SULF	硫酸	22	AORGA	人为 VOCs 衍生有机气溶胶
10	SO_2	二氧化硫	23	AORGB	生物 VOCs 衍生有机气溶胶
11	OH	羟基自由基	24	AORGC	云过程产生的二次有机气溶胶
12	O_3	臭氧	25	APOM	一次有机颗粒物
13	HG	元素汞	26	ASOM	二次有机颗粒物

4.4　CMAQ 后处理

4.4.1　CCTM 模块输出文件

CMAQv5.2 模型核心模块 CCTM 输出的结果是 I/O API NetCDF 格式的文件，它是三维、网格化、时间步长的二进制文件，可以方便地在不同计算机结构间转移。同样，除模拟结果的输出外，用户还可以自定义输出多种标准输出的日志文件。

首先，CMAQ 的输出日志名可以由用户自定义，如本部分使用的主程序运行命令./run_cctm.csh |& tee cctm.log，相应的可以在 cctm.log 文件中查看模拟的标准输出和错误情况。如果用户未定义输出到日志文件，模型将会在 Linux 屏幕上输出日志信息和标准错误。

CONC 是 CCTM 输出的 3-D 小时瞬时浓度文件，包含了气相物种混合比（体积分数）和气溶胶物种浓度（$\mu g/m^3$）。包含在其中的物种数量和类型取决于 CCTM 编译时选择的化学机理和气溶胶模型配置。CGRID 则是 CCTM 输出的重启文件，同样包含气相物种混合比（体积分数）和气溶胶物种浓度（$\mu g/m^3$），主要包含每个模拟时间段结束时各个物种的瞬时浓度，具体取决于输出时间的设置。ACONC 是 CCTM 输出的 2-D 积分平均浓度文件，包含每个模拟小时的平均模拟物种浓度。MEDIA_CONC 是 CCTM 输出的 3-D 小时 NH_3 瞬时浓度文件；DRYDEP 是 CCTM 输出的 2-D 累积小时干沉降通量文件（单位：kg/hm^2），CCTM 将会计算所有物种的干湿沉降信息，存在气相物种（GC_DDEP.EXT）、气溶胶物种（AE_DDEP.EXT）以及惰性模型物种（NR_DDEP.EXT）的干沉降包含文件。可以从 DDEP.EXT 文件中移除一些物种，以调整经历干沉降过程并写入 DRYDEP 输出文件中的物种数量。WETDEP 是 CCTM 输出的 2-D 累积小时湿沉降通量文件（单位：kg/hm^2），同样也可以从 WDEP.EXT 文件中移除一些物种，以调整经历干沉降过程并写入 WETDEP 输出文件中的物种数量，其中 WETDEP1 是所有云参与的湿沉降输出文件，WETDEP2 是仅包含次网格云参与的湿沉降输出文件。PMVIS 和 APMVIS 则分别是 CCTM 输出的 2-D 小时瞬间能见度文件和小时平均能见度文件；B3GTS_S、SSEMIS 和 DUSTEMIS 分别是 CCTM 输出的 3-D 小时生物排放文件、海盐排放文件和沙尘排放文件；LTNGHRLY 和 LTNGCOL 分别是 CCTM 输出的闪电排放 NO 的 2-D 小时平均浓度文件和柱浓度文件。输出文件中含有 DIAG 字样的文件均是诊断文件。

4.4.2　具体变量定义

CMAQv5.2 模型输出文件的变量具体取决于编译 CCTM 时所选择的化学机理和气溶胶机制，本节以 cb05e51_ae6_aq 机制为例，具体介绍了其中包含的物种变量名称、相态和相对分子质量（见表 4-5）。

表 4-5　aer06 气溶胶化学机制下生成物种变量说明

变量名	定义	相态	分子
AACD	乙酸及高级羧酸	气态	60
AALK1J	积聚模态烷烃产物 1	气溶胶	168
AALK2J	积聚模态烷烃产物 2	气溶胶	168
ABNZ1J	积聚模态苯系气溶胶 1	气溶胶	144
ABNZ2J	积聚模态苯系气溶胶 2	气溶胶	144
ACLI	爱根核模态含氯气溶胶	气溶胶	35.5
ACLJ	积聚模态含氯气溶胶	气溶胶	35.5
ACLK	粗模态含氯气溶胶	气溶胶	35.5
ACRO_PRIMARY	直接排放的丙烯醛	气态	56.1
ACROLEIN	二次生成的丙烯醛	气态	56.1
AISO1J	积聚模态异戊二烯产物 1	气溶胶	96
$AISO_2J$	积聚模态异戊二烯产物 2	气溶胶	96
$AISO_3J$	积聚模态异戊二烯产物 3	气溶胶	168.2
ALD_2	乙醛	气态	44

变量名	定义	相态	分子
ALD2_PRIMARY	直接排放的乙醛	气态	44
AOLGAJ	积聚模态人为气溶胶	气溶胶	176.4
APAH1J	积聚模态 PAH Product 1	气溶胶	243
APAH2J	积聚模态 PAH Product 2	气溶胶	243
APIN	阿尔法派烯	气态	136.3
APOCI	爱根核模态一次有机碳气溶胶	气溶胶	220
APOCJ	积聚模态一次有机碳气溶胶	气溶胶	220
ASQTJ	积聚模态倍半萜烯气溶胶	气溶胶	378
ATOL1J	积聚模态甲苯产物 1	气溶胶	168
ATOL2J	积聚模态甲苯产物 2	气溶胶	168
ATRP1J	积聚模态萜烯产物 1	气溶胶	168
ATRP2J	积聚模态萜烯产物 2	气溶胶	168
AXYL1J	积聚模态二甲苯产物 1	气溶胶	192
AXYL2J	积聚模态二甲苯产物 2	气溶胶	192
BENZENE	积聚模态二甲苯	气态	78
$BENZRO_2$	苯与 OH 反应产生的苯酚过氧化物自由基追踪剂；一种气溶胶前体物	气态	127
BNZHRXN	有关 RO_2+HO_2 反应的苯气溶胶的前体物	气态	127
BNZNRXN	有关 RO_2+NO 反应的苯气溶胶的前体物	气态	127
BPIN	贝塔-松烯	气态	136.3
C_2O_3	乙酰过氧化物基	气态	75
CAO_2	来自 CAT1 的过氧化物自由基	气态	133
CAT1	甲基茶酚	气态	124
CL	氯原子	气态	35.5
CL_2	分子氯	气态	71
$CLNO_2$	硝基氯化物	气态	81.5
CLO	一氧化氯	气态	51.5
CO	一氧化碳	气态	28
CRNO	硝基-克雷索中的烷氧基	气态	152
CRO	氯索的烷氧基	气态	107
CRON	硝基-西索	气态	153
CRPX	过氧化氢硝基多沙醇	气态	169
CXO_3	C3 和更高的聚氧乙烯醚	气态	75
ETH	乙烯	气态	28
ETHA	乙烷	气态	30
ETOH	乙醇	气态	46
FACD	甲酸	气态	46
FMCL	氯化甲酯（CHClO）	气态	64.5
FORM	甲醛	气态	30
FORM_PRIMARY	释放甲醛	气态	30
H_2NO_3PIJ	精细模式溶解硝酸	气态	64

变量名	定义	相态	分子
H_2NO_3PK	溶解性硝酸	气态	64
H_2O_2	过氧化氢	气态	34
HCL	盐酸	气态	36.5
HCO_3	FORM 和 HO_2 反应生成的合成物	气态	63
HG	元素汞	气态	200.6
HGIIAER	二价汞的前兆	气态	200.6
HGII 气态	二价汞	气态	200.6
HNO_3	硝酸	气态	63
HO_2	过氧化氢自由基	气态	33
HOCL	次氯酸	气态	52.5
HONO	硝酸	气态	47
IEPOX	异戊烯环氧二醇	气态	118.1
$IEPXO_2$	IEPOX-OH 反应形成的过氧化物基	气态	149.1
IOLE	内部烯烃碳键（R-C＝C-R）	气态	48
ISOP	异戊二烯	气态	68
$ISOPO_2$	异戊烯羟基过氧化物自由基	气态	117.1
ISOPRXN	异戊烯材料的前体物	气态	68
ISOPX	过氧化氢异戊烷	气态	118.1
ISPD	异戊烯产品（块状甲氨蝶呤、甲基乙烯基酮等）	气态	70
MEO_2	甲基过氧化物自由基	气态	47
MEOH	甲醇	气态	32
MEPX	过氧化亚甲酯	气态	48
MGLY	甲基乙二醛和其他芳香产品	气态	72
MXYL	二甲苯的元异构体	气态	106.2
N_2O_5	五氧化二氮	气态	108
$NALKO_2$	NTRALK + OH 反应中的过氧化物自由基	气态	106
NAPH	显式萘	气态	128.2
$NCNO_2$	NTRCN + OH 反应中的过氧化物自由基	气态	106
$NCNOHO_2$	NTRCNOH + OH 中的过氧化物自由基	气态	106
NO	一氧化氮	气态	30
NO_2	二氧化氮	气态	46
NO_3	硝酸盐自由基	气态	62
$NOHO_2$	NTROH + OH 反应中的过氧化物自由基	气态	106
NTRALK	第一代，单官能烷基硝酸盐，由 PAR 形成	气态	119
NTRCN	第二代双功能性硝酸碳	气态	147
NTRCNOH	第二代羟基碳酸酯	气态	149
NTRI	第二代硝酸异戊烷	气态	149.1
$NTRIO_2$	第二代硝酸异戊烯的羟基过氧化物自由基	气态	106
NTRM	第一代硝酸异戊烷	气态	147
$NTRMO_2$	第一代硝酸异戊烯的羟基过氧化物自由基	气态	106
NTROH	第一代，羟基硝酸盐，由 PAR 形成	气态	135

变量名	定义	相态	分子
O_3	臭氧	气态	48
OH	羟基自由基	气态	17
OLE	端烯烃碳键（R-C＝C）	气态	27
OPEN	芳香环开口产物（烯烃和醛）	气态	84
OPO_3	OPEN 的过氧乙烯基	气态	115
OXYL	二甲苯的亚硫代异构体	气态	106.2
PACD	过氧乙酸和更高的过氧羧酸	气态	76
PAHHRXN	水-萘材料的前体物	气态	187.2
PAHNRXN	硝基萘材料的前体物	气态	187.2
PAN	二氧基乙酰硝酸盐	气态	121
PANX	C3 和更高的过氧烷基硝酸盐	气态	121
PAR	石蜡碳键（C-C）	气态	14
PNA	过氧硝酸（HNO_4）	气态	79
PXYL	二甲苯的亚硫单体	气态	106.2
ROOH	更高的有机过氧化物	气态	62
ROR	次生烷氧基	气态	31
SESQ	塞斯基特佩内	气态	204
SESQRXN	精矿材料的前体物	气态	204
SO_2	二氧化硫	气态	64
SOAALK	生产气的烷烃	气态	112
SULF	硫酸（气氨酸）	气态	98
SULRXN	硫酸盐的前体物	气态	98
TERP	萜烯	气态	136
TO_2	甲苯-羟基自由基加合物	气态	173
TOL	甲苯和其他单烷基芳烃	气态	92
TOLHRXN	RO_2+HO_2 的甲苯气溶胶前体物	气态	141
TOLNRXN	RO_2+NO 的甲苯气溶胶前体物	气态	141
$TOLRO_2$	TOL 和 OH 反应生成的甲苯羟基过氧化物自由基跟踪剂；一种气溶胶前体物	气态	141
ISOP	异戊二烯	气态	141
TOLU	显式甲苯作为反应示踪剂	气态	92
TRPRXN	风头材料的前体物	气态	136
XO_2	从烷基过氧化物（RO_2）自由基向 NO_2 转化	气态	1
XO_2N	NO 从烷基过氧化物（RO_2）自由基转化为有机硝酸盐	气态	1
XYLHRXN	RO_2+HO_2 二甲苯材料的前体物	气态	155
XYLNRXN	RO_2+NO 二甲苯材料的前体物	气态	155

　　模拟得到的这些变量仍需经过科学计算的后处理算出相应污染物的浓度（如 $PM_{2.5}$ 和 PM_{10} 等），具体可分为气象部分、气体部分和颗粒物部分（见表 4-6 至表 4-8）。

表 4-6　气象部分变量简介

变量名	单位	表达式
AIR_DENS	kg/m^3	DENS[2]
RH	%	100.00×RH[3]
SFC_TMP	C	（TEMP2[4]−273.15）
PBLH	m	PBL[4]
SOL_RAD	W/m^2	RGRND[4]
precip	cm	RN[4]+RC[4]
WSPD10	m/s	WSPD10[4]
WDIR10	deg	WDIR10[4]

表 4-7　气体部分变量简介

变量名	单位	表达式
ALD2	10^{-9}（体积分数）	1 000.0×ALD2[1]
BENZENE	10^{-9}（体积分数）	1 000.0×BENZENE[1]
CO	10^{-9}（体积分数）	1 000.0×CO[1]
ETH	10^{-9}（体积分数）	1 000.0×ETH[1]
ETHA	10^{-9}（体积分数）	1 000.0×ETHA[1]
FORM	10^{-9}（体积分数）	1 000.0×FORM[1]
H2O2	10^{-9}（体积分数）	1 000.0×H2O2[1]
HNO3	10^{-9}（体积分数）	1 000.0×HNO3[1]
HNO3_UGM3	μg/m^3	1 000.0×（HNO3[1]×2.1756×DENS[2]）
HONO	10^{-9}（体积分数）	1 000.0×HONO[1]
HOX	10^{-9}（体积分数）	1 000.0×（OH[1]+HO2[1]）
OH	10^{-9}（体积分数）	1 000.0×（OH[1]）
ISOP	10^{-9}（体积分数）	1 000.0×ISOP[1]
N2O5	10^{-9}（体积分数）	1 000.0×N2O5[1]
NH3	10^{-9}（体积分数）	1 000.0×NH3[1]
NH3_UGM3	μg/m^3	1 000.0×（NH3[1]×0.588 0×DENS[2]）
NHX	μg/m^3	1 000.0×（NH3[1]×0.588 0×DENS[2]）+ANH4I[1]+ANH4J[1]+ANH4K[1]
NO	10^{-9}（体积分数）	1 000.0×NO[1]
NO2	10^{-9}（体积分数）	1 000.0×NO2[1]
NOX	10^{-9}（体积分数）	1 000.0×（NO[1] + NO2[1]）
ANO3_PPB	10^{-9}（体积分数）	（ANO3I[1]+ANO3J[1]+ANO3K[1]）/（DENS[2]×（62.0/28.97））
NTR	10^{-9}（体积分数）	1 000.0×（NTROH[1]+NTRALK[1]+NTRCN[1]+NTRCNOH[1]+NTRM[1]+NTRI[1]+NTRPX[1]）
PANS	10^{-9}（体积分数）	1 000.0×（PAN[1]+PANX[1]+OPAN[1]+MAPAN[1]）
NOY	10^{-9}（体积分数）	1 000.0×（NO[1]+NO2[1]+NO3[1]+2×N2O5[1]+HONO[1]+HNO3[1]+PNA[1]+CRON[1]+ CRNO[1]+CRN2[1]+CRPX[1]+CLNO2[1]）+PANS[0]+NTR[0]+ANO3_PPB[0]
O3	10^{-9}（体积分数）	1 000.0×O3[1]

变量名	单位	表达式
SO2	10^{-9}（体积分数）	1 000.0×SO2[1]
SO2_UGM3	μg/m³	1 000.0×（SO2[1]×2.2118×DENS[2]）
TERP	10^{-9}（体积分数）	1 000.0×TERP[1]
TOL	10^{-9}（体积分数）	1 000.0×TOLU[1]
XYL	10^{-9}（体积分数）	1 000.0×（MXYL[1]+OXYL[1]+PXYL[1]）
ALDX	10^{-9}（体积分数）	1 000.0×ALDX[1]
CLNO2	10^{-9}（体积分数）	1 000.0×CLNO2[1]
IOLE	10^{-9}（体积分数）	1 000.0×IOLE[1]
OLE	10^{-9}（体积分数）	1 000.0×OLE[1]
PAR	10^{-9}（体积分数）	1 000.0×PAR[1]
PAN	10^{-9}（体积分数）	1 000.0×PAN[1]
PANX	10^{-9}（体积分数）	1 000.0×PANX[1]
SULF	10^{-9}（体积分数）	1 000.0×SULF[1]

表 4-8　颗粒物部分变量简介

变量名	单位	表达式
!! 地壳元素（Crustal Elements）		
AFEJ	μg/m³	AFEJ[1]
AALJ	μg/m³	AALJ[1]
ASIJ	μg/m³	ASIJ[1]
ATIJ	μg/m³	ATIJ[1]
ACAJ	μg/m³	ACAJ[1]
AMGJ	μg/m³	AMGJ[1]
AKJ	μg/m³	AKJ[1]
AMNJ	μg/m³	AMNJ[1]
ASOILJ	μg/m³	2.20×AALJ[1]+2.49×ASIJ[1]+1.63×ACAJ[1]+2.42×AFEJ[1]+1.94×ATIJ[1]
!! 非地壳元素非有机颗粒物（Non-Crustal Inorganic Particle Species）		
AHPLUSIJ	μg/m³	（AH3OPI[1]+AH3OPJ[1]）×1.0/19.0
ANAK	μg/m³	0.837 3×ASEACAT[1]+0.062 6×ASOIL[1]+0.002 3×ACORS[1]
AMGK	μg/m³	0.099 7×ASEACAT[1]+0.017 0×ASOIL[1]+0.003 2×ACORS[1]
AKK	μg/m³	0.031 0×ASEACAT[1]+0.024 2×ASOIL[1]+0.017 6×ACORS[1]
ACAK	μg/m³	0.032 0×ASEACAT[1]+0.083 8×ASOIL[1]+0.056 2×ACORS[1]
ACLIJ	μg/m³	ACLI[1]+ACLJ[1]
AECIJ	μg/m³	AECI[1]+AECJ[1]
ANAIJ	μg/m³	ANAJ[1]+ANAI[1]
ANO3IJ	μg/m³	ANO3I[1]+ANO3J[1]
ANO3K	μg/m³	ANO3K[1]
TNO3	μg/m³	2 175.6×（HNO3[1]×DENS[2]）+ANO3I[1]+ANO3J[1]+ANO3K[1]
ANH4IJ	μg/m³	ANH4I[1]+ANH4J[1]
ANH4K	μg/m³	ANH4K[1]

变量名	单位	表达式
ASO4IJ	μg/m³	ASO4I[1]+ASO4J[1]
ASO4K	μg/m³	ASO4K[1]
!! 有机颗粒物（Organic Particle Species）		
APOCI	μgC/m³	ALVPO1I[1]/1.39 + ASVPO1I[1]/1.32 + ASVPO2I[1]/1.26
APOCJ	μgC/m³	ALVPO1J[1]/1.39 + ASVPO1J[1]/1.32 + ASVPO2J[1]/1.26+ASVPO3J[1]/1.21 + AIVPO1J[1]/1.17
APOCIJ	μgC/m³	APOCI[0] + APOCJ[0]
APOMI	μg/m³	ALVPO1I[1] + ASVPO1I[1] + ASVPO2I[1]
APOMJ	μg/m³	ALVPO1J[1] + ASVPO1J[1] + ASVPO2J[1] +ASVPO3J[1] + AIVPO1J[1]
APOMIJ	μg/m³	APOMI[0] + APOMJ[0]
ASOCI	μgC/m³	ALVOO1I[1]/2.27 + ALVOO2I[1]/2.06+ASVOO1I[1]/1.88 + ASVOO2I[1]/1.73
ASOCJ	μgC/m³	AXYL1J[1]/2.42 + AXYL2J[1]/1.93 + AXYL3J[1]/2.30+ATOL1J[1]/2.26 + ATOL2J[1]/1.82 + ATOL3J[1]/2.70+ABNZ1J[1]/2.68+ ABNZ2J[1]/2.23 + ABNZ3J[1]/3.00+AISO1J[1]/2.20 + AISO2J[1]/2.23 + AISO3J[1]/2.80+ATRP1J[1]/1.84 + ATRP2J[1]/1.83 + ASQTJ[1]/1.52+AALK1J[1]/1.56 + AALK2J[1]/1.42+AORGCJ[1]/2.00 + AOLGBJ[1]/2.10 + AOLGAJ[1]/2.50+APAH1J[1]/1.63 + APAH2J[1]/1.49 + APAH3J[1]/1.77+ALVOO1J[1]/2.27 + ALVOO2J[1]/2.06 + ASVOO1J[1]/1.88+ASVOO2J[1]/1.73 + ASVOO3J[1]/1.60 + APCSOJ[1] /2.00
ASOCIJ	μgC/m³	ASOCI[0] + ASOCJ[0]
ASOMI	μg/m³	ALVOO1I[1] + ALVOO2I[1] + ASVOO1I[1] + ASVOO2I[1]
ASOMJ	μg/m³	AXYL1J[1] + AXYL2J[1] + AXYL3J[1] + ATOL1J[1] +ATOL2J[1] + ATOL3J[1 + ABNZ1J[1] + ABNZ2J[1] +ABNZ3J[1 + AISO1J[1] + AISO2J[1] + AISO3J[1] +ATRP1J[1] + ATRP2J[1] + ASQTJ[1] + AALK1J[1] +AALK2J[1] + APAH1J[1] + APAH2J[1] + APAH3J[1] +AORGCJ[1] + AOLGBJ[1] + AOLGAJ[1] +ALVOO1J[1] + ALVOO2J[1] + ASVOO1J[1] + ASVOO2J[1] +ASVOO3J[1] + APCSOJ[1]
ASOMIJ	μg/m³	ASOMI[0] + ASOMJ[0]
AOCI	μgC/m³	APOCI[0] + ASOCI[0]
AOCJ	μgC/m³	APOCJ[0] + ASOCJ[0]
AOCIJ	μgC/m³	APOCIJ[0] + ASOCIJ[0]
AOMI	μg/m³	APOMI[0] + ASOMI[0]
AOMJ	μg/m³	APOMJ[0] + ASOMJ[0]
AOMIJ	μg/m³	APOMIJ[0] + ASOMIJ[0]
!!! 人为 VOC 衍生的有机气溶胶（Anthropogenic-VOC Derived Organic Aerosol）		
AORGAJ	μg/m³	AXYL1J[1]+AXYL2J[1]+AXYL3J[1]+ATOL1J[1]+ATOL2J[1]+ATOL3J[1]+ABNZ1J[1]+ABNZ2J[1]+ABNZ3J[1]+AALK1J[1]+AALK2J[1]+AOLGAJ[1]+APAH1J[1]+APAH2J[1]+APAH3J[1]
!!! 生物 VOC 衍生的有机气溶胶（Biogenic-VOC Derived Organic Aerosol）		
AORGBJ	μg/m³	AISO1J[1]+AISO2J[1]+AISO3J[1]+ATRP1J[1]+ATRP2J[1]+ASQTJ[1]+AOLGBJ[1]
!!! 云过程产生的 SOA（Cloud-Processed SOA）		
AORGCJ	μg/m³	AORGCJ[1]

变量名	单位	表达式
!!! OM/OC 比值		
AOMOCRAT_TOT	none	AOMIJ[0]/AOCIJ[0]
!! 总的颗粒物聚合物		
ATOTI	μg/m³	ASO4I[1]+ANO3I[1]+ANH4I[1]+ANAI[1]+ACLI[1] +AECI[1]+AOMI[0]+AOTHRI[1]
ATOTJ	μg/m³	ASO4J[1]+ANO3J[1]+ANH4J[1]+ANAJ[1]+ACLJ[1] +AECJ[1]+AOMJ[0]+AOTHRJ[1]+AFEJ[1]+ASIJ[1] +ATIJ[1]+ACAJ[1]+AMGJ[1]+AMNJ[1]+AALJ[1]+AKJ[1]
ATOTK	μg/m³	ASOIL[1]+ACORS[1]+ASEACAT[1]+ACLK[1]+ASO4K[1]+ANO3K[1]+ANH4K[1]
ATOTIJ	μg/m³	ATOTI[0]+ATOTJ[0]
ATOTIJK	μg/m³	ATOTIJ[0]+ATOTK[0]
!! 未指定的 PM 包括非碳有机物质		
AUNSPEC1IJ	μg/m³	ATOTIJ[0] -（ASOILJ[0] + ANO3IJ[0] + ASO4IJ[0] + ANH4IJ[0] +AOCIJ[0] + AECIJ[0] + ANAIJ[0] + ACLIJ[0]）
!! 非碳有机物质		
ANCOMIJ	μg/m³	AOMIJ[0]-AOCIJ[0]
!! 未指定的 PM 不包括非碳有机物质		
AUNSPEC2IJ	μg/m³	AUNSPEC1IJ[0] - ANCOMIJ[0]
!! AMS 预测的浓度输出		
PMAMS_CL	μg/m³	ACLI[1]×AMSAT[3]+ACLJ[1]×AMSAC[3]+ACLK[1]×AMSCO[3]
PMAMS_NH4	μg/m³	ANH4I[1]×AMSAT[3]+ANH4J[1]×AMSAC[3]+ANH4K[1]×AMSCO[3]
PMAMS_NO3	μg/m³	ANO3I[1]×AMSAT[3]+ANO3J[1]×AMSAC[3]+ANO3K[1]×AMSCO[3]
PMAMS_OM	μgC/m³	AOMI[0]×AMSAT[3]+AOMJ[0]×AMSAC[3]
PMAMS_SO4	μg/m³	ASO4I[1]×AMSAT[3]+ASO4J[1]×AMSAC[3]+ASO4K[1]×AMSCO[3]
!! PM1 的截止输出		
PM1_TOT	μg/m³	ATOTI[0]×PM1AT[3]+ATOTJ[0]×PM1AC[3]+ATOTK[0]×PM1CO[3]
!! PM1 未使用的物种（仅做示范）		
!PM1_EC	μg/m³	AECI[1]×PM1AT[3]+AECJ[1]×PM1AC[3]
!PM1_OC	μgC/m³	AOCI[0]×PM1AT[3]+AOCJ[0]×PM1AC[3]
!PM1_OM	μg/m³	AOMI[0]×PM1AT[3]+AOMJ[0]×PM1AC[3]
!PM1_SO4	μg/m³	ASO4I[1]×PM1AT[3]+ASO4J[1]×PM1AC[3]+ASO4K[1]×PM1CO[3]
!PM1_CL	μg/m³	ACLI[1]×PM1AT[3]+ACLJ[1]×PM1AC[3]+ACLK[1]×PM1CO[3]
!PM1_NA	μg/m³	ANAI[1]×PM1AT[3]+ANAJ[1]×PM1AC[3]+ANAK[0]×PM1CO[3]
!PM1_MG	μg/m³	AMGJ[1]×PM1AC[3]+AMGK[0]×PM1CO[3]
!PM1_K	μg/m³	AKJ[1] ×PM1AC[3]+AKK[0] ×PM1CO[3]
!PM1_CA	μg/m³	ACAJ[1]×PM1AC[3]+ACAK[0]×PM1CO[3]
!PM1_NH4	μg/m³	ANH4I[1]×PM1AT[3]+ANH4J[1]×PM1AC[3]+ANH4K[1]×PM1CO[3]
!PM1_NO3	μg/m³	ANO3I[1]×PM1AT[3]+ANO3J[1]×PM1AC[3]+ANO3K[1]×PM1CO[3]
!PM1_SOIL	μg/m³	ASOILJ[0]×PM1AC[3]+（ASOIL[1]+ACORS[1]）×PM1CO[3]
!PM1_UNSPEC1	μg/m³	PM1_TOT[0]-（PM1_CL[0]+PM1_EC[0]+PM1_NA[0]+PM1_NH4[0]+PM1_NO3[0]+ PM1_OC[0]+PM1_SOIL[0]+PM1_SO4[0]）

变量名	单位	表达式
		!! 使用建模的尺寸分布计算 PM$_{2.5}$ 种类
PM25_HP	μg/m^3	（AH3OPI[1]×PM25AT[3]+AH3OPJ[1]×PM25AC[3]+AH3OPK[1]×PM25CO[3]） ×1.0/19.0
PM25_CL	μg/m^3	ACLI[1]×PM25AT[3]+ACLJ[1]×PM25AC[3]+ACLK[1]×PM25CO[3]
PM25_EC	μg/m^3	AECI[1]×PM25AT[3]+AECJ[1]×PM25AC[3]
PM25_NA	μg/m^3	ANAI[1]×PM25AT[3]+ANAJ[1]×PM25AC[3]+ANAK[0]×PM25CO[3]
PM25_MG	μg/m^3	AMGJ[1]×PM25AC[3]+AMGK[0]×PM25CO[3]
PM25_K	μg/m^3	AKJ[1]×PM25AC[3]+AKK[0]×PM25CO[3]
PM25_CA	μg/m^3	ACAJ[1]×PM25AC[3]+ACAK[0]×PM25CO[3]
PM25_NH4	μg/m^3	ANH4I[1]×PM25AT[3]+ANH4J[1]×PM25AC[3]+ANH4K[1]×PM25CO[3]
PM25_NO3	μg/m^3	ANO3I[1]×PM25AT[3]+ANO3J[1]×PM25AC[3]+ANO3K[1]×PM25CO[3]
PM25_OC	μgC/m^3	AOCI[0]×PM25AT[3]+AOCJ[0]×PM25AC[3]
PM25_OM	μg/m^3	AOMI[0]×PM25AT[3]+AOMJ[0]×PM25AC[3]
PM25_SOIL	μg/m^3	ASOILJ[0]×PM25AC[3]+ASOIL[1]×PM25CO[3]
PM25_SO4	μg/m^3	ASO4I[1]×PM25AT[3]+ASO4J[1]×PM25AC[3]+ASO4K[1]×PM25CO[3]
PM25_TOT	μg/m^3	ATOTI[0]×PM25AT[3]+ATOTJ[0]×PM25AC[3]+ATOTK[0]×PM25CO[3]
PM25_UNSPEC1	μg/m^3	PM25_TOT[0]-（PM25_CL[0]+PM25_EC[0]+PM25_NA[0]+PM25_NH4[0] +PM25_NO3[0]+PM25_OC[0]+PM25_SOIL[0]+PM25_SO4[0]）
		!! PM$_{10}$ 和粗模态物种
PM10	μg/m^3	ATOTI[0]×PM10AT[3]+ATOTJ[0]×PM10AC[3]+ATOTK[0]×PM10CO[3]
PMC_CL	μg/m^3	ACLI[1]+ACLJ[1]+ACLK[1]-PM25_CL[0]
PMC_NA	μg/m^3	ANAIJ[0]+ANAK[0]-PM25_NA[0]
PMC_NH4	μg/m^3	ANH4I[1]+ANH4J[1]+ANH4K[1]-PM25_NH4[0]
PMC_NO3	μg/m^3	ANO3I[1]+ANO3J[1]+ANO3K[1]-PM25_NO3[0]
PMC_SO4	μg/m^3	ASO4I[1]+ASO4J[1]+ASO4K[1]-PM25_SO4[0]
PMC_TOT	μg/m^3	ATOTIJK[0]-PM25_TOT[0]
PM25_NO3_loss	μg/m^3	max_NO3_loss[0]<=PM25_NO3[0] ? max_NO3_loss[0]: PM25_NO3[0]
ANO3IJ_loss	μg/m^3	max_NO3_loss[0]<=ANO3IJ[0] ? max_NO3_loss[0]: ANO3IJ[0]
PM25_NH4_loss	μg/m^3	PM25_NO3_loss[0]×（18/62）
ANH4IJ_loss	μg/m^3	ANO3IJ_loss[0]×（18/62）
PMIJ_FRM	μg/m^3	ATOTIJ[0]-（ANO3IJ_loss[0]+ANH4IJ_loss[0]）+0.24× （ASO4IJ[0]+ANH4IJ[0]-ANH4IJ_loss[0]）+0.5
PM25_FRM	μg/m^3	PM25_TOT[0]-（PM25_NO3_loss[0]+PM25_NH4_loss[0]）+0.24× （PM25_SO4[0]+PM25_NH4[0]-PM25_NH4_loss[0]）+0.5

　　PM$_{2.5}$、PM$_{10}$、NO、NO$_2$、O$_3$、SO$_2$ 和 CO 等污染物在后处理时，即可按如图 4-5 所示公式进行计算（示例脚本以 NCL 语言处理近地面数据为例，其中 cmaq_input 为 CCTM 输出的 CONC 三维物种浓度文件）。

```
;Anthropogenic-VOC Derived Organic Aerosol
  aorgaj_hourly= cmaq_input[:]->AXYL1J(:,0,:,:)+cmaq_input[:]->AXYL2J(:,0,:,:)\
                 +cmaq_input[:]->AXYL3J(:,0,:,:)+cmaq_input[:]->ATOL1J(:,0,:,:)\
                 +cmaq_input[:]->ATOL2J(:,0,:,:)+cmaq_input[:]->ATOL3J(:,0,:,:)\
                 +cmaq_input[:]->ABNZ1J(:,0,:,:)+cmaq_input[:]->ABNZ2J(:,0,:,:)\
                 +cmaq_input[:]->ABNZ3J(:,0,:,:)+cmaq_input[:]->AALK1J(:,0,:,:)\
                 +cmaq_input[:]->AALK2J(:,0,:,:)+cmaq_input[:]->AOLGAJ(:,0,:,:)\
                 +cmaq_input[:]->APAH1J(:,0,:,:)+cmaq_input[:]->APAH2J(:,0,:,:)+cmaq_input[:]->APAH3J(:,0,:,:)
;Biogenic-VOC Derived Organic Aerosol
  aorgbj_hourly= cmaq_input[:]->AISO1J(:,0,:,:)+cmaq_input[:]->AISO2J(:,0,:,:)\
                 +cmaq_input[:]->AISO3J(:,0,:,:)+cmaq_input[:]->ATRP1J(:,0,:,:)\
                 +cmaq_input[:]->ATRP2J(:,0,:,:)+cmaq_input[:]->ASQTJ(:,0,:,:)+cmaq_input[:]->AOLGBJ(:,0,:,:)
;Cloud-Processed  SOA
  aorgcj_hourly= cmaq_input[:]->AORGCJ(:,0,:,:)
;Organic Particle Species
  apomi_hourly= cmaq_input[:]->ALVPO1I(:,0,:,:)+cmaq_input[:]->ASVPO1I(:,0,:,:)+cmaq_input[:]->ASVPO2I(:,0,:,:)

  apomj_hourly= cmaq_input[:]->ALVPO1J(:,0,:,:)+cmaq_input[:]->ASVPO1J(:,0,:,:)\
                +cmaq_input[:]->ASVPO2J(:,0,:,:)+cmaq_input[:]->ASVPO3J(:,0,:,:)+cmaq_input[:]->AIVPO1J(:,0,:,:)
;SOCI
  asomi_hourly= cmaq_input[:]->ALVOO1I(:,0,:,:)+cmaq_input[:]->ALVOO2I(:,0,:,:)\
                +cmaq_input[:]->ASVOO1I(:,0,:,:)+cmaq_input[:]->ASVOO2I(:,0,:,:)
```

```
;SOCJ
  asomj_hourly= cmaq_input[:]->AXYL1J(:,0,:,:)+cmaq_input[:]->AXYL2J(:,0,:,:)+cmaq_input[:]->AXYL3J(:,0,:,:) \
                +cmaq_input[:]->ATOL1J(:,0,:,:)+cmaq_input[:]->ATOL2J(:,0,:,:)+cmaq_input[:]->ATOL3J(:,0,:,:)\
                +cmaq_input[:]->ABNZ1J(:,0,:,:)+cmaq_input[:]->ABNZ2J(:,0,:,:)+cmaq_input[:]->ABNZ3J(:,0,:,:)\
                +cmaq_input[:]->AISO1J(:,0,:,:)+cmaq_input[:]->AISO2J(:,0,:,:)+cmaq_input[:]->AISO3J(:,0,:,:)\
                +cmaq_input[:]->ATRP1J(:,0,:,:)+cmaq_input[:]->ATRP2J(:,0,:,:)+cmaq_input[:]->ASQTJ(:,0,:,:)\
                +cmaq_input[:]->AALK1J(:,0,:,:)+cmaq_input[:]->AALK2J(:,0,:,:)\
                +cmaq_input[:]->AORGCJ(:,0,:,:)+cmaq_input[:]->AOLGBJ(:,0,:,:)+cmaq_input[:]->AOLGAJ(:,0,:,:)\
                +cmaq_input[:]->APAH1J(:,0,:,:)+cmaq_input[:]->APAH2J(:,0,:,:)+cmaq_input[:]->APAH3J(:,0,:,:)\
                +cmaq_input[:]->ALVOO1J(:,0,:,:)+cmaq_input[:]->ALVOO2J(:,0,:,:)+cmaq_input[:]->ASVOO1J(:,0,:,:)\
                +cmaq_input[:]->ASVOO2J(:,0,:,:)+cmaq_input[:]->ASVOO3J(:,0,:,:)+cmaq_input[:]->APCSOJ(:,0,:,:)

aomi_hourly= apomi_hourly+asomi_hourly

aomj_hourly= apomj_hourly+asomj_hourly

atoti_hourly= cmaq_input[:]->ASO4I(:,0,:,:)+cmaq_input[:]->ANO3I(:,0,:,:)+cmaq_input[:]->ANH4I(:,0,:,:)\
              +cmaq_input[:]->ANAI(:,0,:,:)+cmaq_input[:]->ACLI(:,0,:,:)+cmaq_input[:]->AECI(:,0,:,:)\
              +aomi_hourly+cmaq_input[:]->AOTHRI(:,0,:,:)

atotj_hourly= cmaq_input[:]->ASO4J(:,0,:,:)+cmaq_input[:]->ANO3J(:,0,:,:)+cmaq_input[:]->ANH4J(:,0,:,:)\
              +cmaq_input[:]->ANAJ(:,0,:,:)+cmaq_input[:]->ACLJ(:,0,:,:)+cmaq_input[:]->AECJ(:,0,:,:)\
              +aomj_hourly+cmaq_input[:]->AOTHRJ(:,0,:,:)+cmaq_input[:]->AFEJ(:,0,:,:)+cmaq_input[:]->ASIJ(:,0,:,:)\
              +cmaq_input[:]->ATIJ(:,0,:,:)+cmaq_input[:]->ACAJ(:,0,:,:)+cmaq_input[:]->AMGJ(:,0,:,:)\
              +cmaq_input[:]->AMNJ(:,0,:,:)+cmaq_input[:]->AALJ(:,0,:,:)+cmaq_input[:]->AKJ(:,0,:,:)
```

```
atotk_hourly= cmaq_input[:]->ASOIL(:,0,:,:)+cmaq_input[:]->ACORS(:,0,:,:)+cmaq_input[:]->ASEACAT(:,0,:,:)\
              +cmaq_input[:]->ACLK(:,0,:,:)+cmaq_input[:]->ASO4K(:,0,:,:)+cmaq_input[:]->ANO3K(:,0,:,:)\
              +cmaq_input[:]->ANH4K(:,0,:,:)

  pm2_5_hourly= atoti_hourly+atotj_hourly
  pm10_hourly= pm2_5_hourly+atotk_hourly
  so4_hourly = cmaq_input[:]->ASO4J(:,0,:,:)+cmaq_input[:]->ASO4I(:,0,:,:)     ; ug/m3
  no3_hourly = cmaq_input[:]->ANO3I(:,0,:,:)+cmaq_input[:]->ANO3J(:,0,:,:)     ; ug/m3
  nh4_hourly = cmaq_input[:]->ANH4I(:,0,:,:)+cmaq_input[:]->ANH4J(:,0,:,:)     ; ug/m3
  so2_hourly  = cmaq_input[:]->SO2(:,0,:,:)*1000.*64./22.4      ; ppm->ug/m3
  no2_hourly  = cmaq_input[:]->NO2(:,0,:,:)*1000.*46./22.4      ; ppm->ug/m3
  nox_hourly  = (cmaq_input[:]->NO2(:,0,:,:)+cmaq_input[:]->NO(:,0,:,:))*1000.*46./22.4      ; ppm->ug/m3
  co_hourly   = cmaq_input[:]->CO(:,0,:,:)*28./22.4             ; ppm->mg/m3
  o3_hourly   = cmaq_input[:]->O3(:,0,:,:)*1000.*48./22.4       ; ppm->ug/m3
```

图 4-5　CMAQ 结果处理脚本示意

说明：aorgaj_hourly 为人为 VOCs 排放所产生的有机气溶胶部分；aorgbj_hourly 为生物 VOCs 排放所产生的有机气溶胶部分；aorgcj_hourly 为云过程所产生的二次有机气溶胶部分；apomi_hourly 和 apomj_hourly 为一次有机颗粒物；asomi_hourly 和 asomj_hourly 为二次有机颗粒物；atoti_hourly、atotj_hourly 和 atotk_hourly 为不同模态的总的颗粒物聚合物。具体变量含义见表 4-8。

其中 $PM_{2.5}$ 由 atoti_hourly 和 atotj_hourly 这两种模态的颗粒物聚合物组成，主要包括硫酸盐、硝酸盐、铵盐、元素碳、一系列地壳元素、有机颗粒物（aomi_hourly 和 aomj_hourly）和其他细模态物种。PM_{10} 不仅包含了 $PM_{2.5}$，也涵盖了 atotk_hourly 模态的总的颗粒物聚合物。

空气质量指数（Air Quality Index，AQI）主要参照《环境空气质量标准》（GB 3095—2012）和《环境空气质量指数（AQI）技术规定（试行）》（HJ 633—2012），是一个用来定量衡量空气质量水平的数值，其取值范围在 0～500。AQI 的计算过程大致可分为三个步骤：

第一步是对照各项污染物的分级浓度限值（见表 4-9），以细颗粒物（$PM_{2.5}$）、可吸入颗粒物（PM_{10}）、二氧化硫（SO_2）、二氧化氮（NO_2）、臭氧（O_3）、一氧化碳（CO）等各项污染物的实测浓度值（其中 $PM_{2.5}$、PM_{10} 为 24 h 平均浓度）分别计算得出空气质量分指数（Individual Air Quality Index，IAQI）。

表 4-9　AQI 指标计算方法

空气质量分指数（IAQI）	污染物项目浓度值									
	二氧化硫（SO_2）24 h 平均/（μg/m³）	二氧化硫（SO_2）1 h 平均/（μg/m³）[1]	二氧化氮（NO_2）24 h 平均/（μg/m³）	二氧化氮（NO_2）1 h 平均/（μg/m³）[1]	颗粒物（粒径小于或等于10 μm）24 h 平均/（μg/m³）	一氧化碳（CO）24 h 平均/（mg/m³）	一氧化碳（CO）1 h 平均/（mg/m³）[1]	臭氧（O_3）1 h 平均/（μg/m³）	臭氧（O_3）8 h 滑动平均/（μg/m³）	颗粒物（粒径小于或等于2.5 μm）24 h 平均/（μg/m³）
0	0	0	0	0	0	0	0	0	0	0
50	50	150	40	100	50	2	5	160	100	35
100	150	500	80	200	150	4	10	200	160	75
150	475	650	180	700	250	14	35	300	215	115
200	800	800	280	1 200	350	24	60	400	265	150
300	1 600	[2]	565	2 340	420	36	90	800	800	250
400	2 100	[2]	750	3 090	500	48	120	1 000	[3]	350
500	2 620	[2]	940	3 840	600	60	150	1 200	[3]	500

说明：
[1] 二氧化硫（SO_2）、二氧化氮（NO_2）和一氧化碳（CO）的 1 h 平均浓度限值仅用于实时报，在日报中需使用相应污染物的 24 h 平均浓度限值；
[2] 二氧化硫（SO_2）1 h 平均浓度值高于 800 μg/m³ 的，不再进行其空气质量分指数计算，二氧化硫（SO_2）空气质量分指数按 24 h 平均浓度计算的分指数报告；
[3] 臭氧（O_3）8 h 平均浓度值高于 800 μg/m³ 的，不再进行其空气质量分指数计算，臭氧（O_3）空气质量分指数按 1 h 平均浓度计算的分指数报告。

第二步是从各项污染物的 IAQI 中选择最大值确定为 AQI，当 AQI 大于 50 时将 IAQI 最大的污染物确定为首要污染物，其中 IAQI 的具体计算公式如下：

$$IAQI_P = \frac{IAQI_{Hi} - IAQI_{Lo}}{BP_{Hi} - BP_{Lo}}(C_P - BP_{Lo}) + IAQI_{Lo}$$

式中，$IAQI_P$ 为某类污染物 P 的空气质量分指数；C_P 为该污染物的质量浓度；BP_{Hi} 为表 4-9 中与 C_P 相近的污染物浓度限值的高位值；$IAQI_{Hi}$ 为与之对应的空气质量分指数；BP_{Lo} 为

表 4-9 中与 C_P 相近的污染物浓度限值的低位值；$IAQI_{Lo}$ 为与之对应的空气质量分指数。

空气质量指数 AQI 则按照如下公式计算（n 为污染物项目）：

$$AQI = \max\{IAQI_1, IAQI_2, IAQI_3, \cdots, IAQI_n\}$$

第三步是对照 AQI 分级标准，确定空气质量级别、类别及表示颜色、健康影响与建议措施。当 AQI 大于 50 时，IAQI 最大的污染物为首要污染物，若 IAQI 最大的污染物为两项或两项以上时，并列为首要污染物，IAQI 大于 100 的污染物为超标污染物。

本部分以 NCL 语言为示例，在科学计算 AQI 时的脚本示例如图 4-6 所示。

```
;计算AQI
norm_so2_daily   = (/0.,50.,150.,475.,800.,1600.,2100.,2620./)
norm_no2_daily   = (/0.,40.,80.,180.,280.,565.,750.,940./)
norm_pm10_daily  = (/0.,50.,150.,250.,350.,420.,500.,600./)
norm_co_daily    = (/0.,2.,4.,14.,24.,36.,48.,60./)
norm_o3_8hourly  = (/0.,100.,160.,215.,265.,800./)
norm_pm2_5_daily = (/0.,35.,75.,115.,150.,250.,350.,500./)
undef("get_aqi")
function get_aqi(conc_in:numeric,norm_in[*]:numeric)
local nlen,baqi,k
begin
  nlen = dimsizes(norm_in)
  baqi = (/0.,50.,100.,150.,200.,300.,400.,500./)
  iaqi = where(conc_in.le.norm_in(0),0.,0.)
  iaqi = where(conc_in.ge.norm_in(nlen-1),baqi(nlen-1),iaqi)
  do k = 1,nlen-1
   iaqi = where(norm_in(k-1).le.conc_in.and.conc_in.le.norm_in(k), \
       baqi(k-1)+(baqi(k)-baqi(k-1))/(norm_in(k)-norm_in(k-1))*(conc_in-norm_in(k-1)),iaqi)
  end do
  return(ceil(iaqi))
end

d_daily_aqi_so2   = get_aqi(so2_daily, norm_so2_daily)
d_daily_aqi_no2   = get_aqi(no2_daily, norm_no2_daily)
d_daily_aqi_pm10  = get_aqi(pm10_daily, norm_pm10_daily)
d_daily_aqi_co    = get_aqi(co_daily,   norm_co_daily)
d_daily_aqi_o3_8h = get_aqi(o3_8h_daily, norm_o3_8hourly)
d_daily_aqi_pm2_5 = get_aqi(pm2_5_daily, norm_pm2_5_daily)
AQI_daily   = dim_max_n((/d_daily_aqi_so2,d_daily_aqi_no2,d_daily_aqi_pm10,d_daily_aqi_co,\
                     d_daily_aqi_o3_8h,d_daily_aqi_pm2_5/),0)
```

图 4-6　以 NCL 语言科学计算 AQI 时的脚本示例

4.4.3　相关软件简介

CMAQv5.2 模型的输入、输出结果可以使用多种免费工具来进行可视化、分析和评估。这些实用工具主要包括 m3tools、PAVE、VERDI、Panoply、大气模型评估工具（AMET）、NetCDF 算符（NCO）、UNIDATA 集成数据查看器（IDV）和 NCAR 命令行语言（NCL），以及其他几个商业软件包，包括 MATLAB 和 IDL，也支持 CMAQ 输入和输出的分析和可视化。大多数支持 NetCDF 文件格式的可视化和分析软件都可以应用于 CMAQ 的输出数据。本部分按命令行数据处理器、可视化工具和 NCL 语言三个方面简要介绍了其中几个软件实用程序，并提供了可以下载它们的位置链接，其他相关信息，请读者参阅每个软件的说明文档。

4.4.3.1　命令行数据处理器

（1）NetCDF

几乎所有 CMAQ 输入和输出文件都使用 I/O API NetCDF 文件格式。如果用户已经构建了 NetCDF 库以编译 CMAQ，则 ncdump 实用程序也应该在用户的计算机上可用。此实用程序使用 NCAR 开发的 CDF 符号生成 NetCDF 文件的 ASCII 表示。在 Linux 下的语法如下：ncdump [-h] [-c] [-n name] [inputfile]，其中，-h 代表仅生成输出文件的"头"信息，即维度、变量和属性的声明，但变量没有数据值；-c 代表生成输出文件的"头"信息和坐标变量的数据值（同时是维度的变量）；-n 用于为网络公共数据表描述语言（CDL）指定一个与默认值不同的名称。详细信息可在 http://www.unidata.ucar.edu/software/netcdf/网站上获取。

（2）CMAQ 实用工具

CMAQv5.2 提供了几个基于 Fortran 的后处理工具，它们位于 CMAQ 发行版（版本 5.2 及更高版本）中的$CMAQ_HOME/POST 目录中。这些工具直接与 CMAQ 输出配合使用，有助于处理、格式化和准备来自各种环境监测网络的数据集，以便进行后续评估。每个实用程序的$CMAQ_HOME/POST 目录中都提供了文档和示例运行脚本。

`appendwrf  bldoverlay  block_extract  combine  hr2day  README.md  sitecmp  sitecmp_dailyo3  writesite`

详细信息可在 https：//github.com/USEPA/CMAQ 网站上获取。

（3）M3tools

M3tools 是已经开发了的一组可扩展的实用程序，它们都使用 I/O API 库，并为模拟社区开放了使用权限。所有 M3tools 都可以在命令行下执行，并且提供各种交互式的选项，或者将所有选项都存储在文件中并作为脚本执行。主要包括 airs2m3、bcwndw、datsgift、gregdate、juldate 和 m3combo 等。

详细信息可在 https：//www.cmascenter.org/ioapi/网站上获取。

（4）NetCDF 算符（NCO）

NetCDF 算符（NCO）是一套以算符著称的程序，其中的每个运算符都是一个独立的命令行程序，主要在 Linux shell 层面执行，类似于命令 ls 或 mkdir。运算符将 NetCDF 文件作为输入，然后执行一组操作（如导出新数据、平均、超标记或元数据操作）并生成 NetCDF 文件作为输出。算符主要用于帮助运算和分析网格化科学数据。NCO 的单一命令样式允许用户使用简单的脚本以交互方式运算和分析文件，避免了高级编程环境下的系统开销，进而节省了计算机资源和计算时间。

详细信息可在 http://nco.sourceforge.net/网站上获取。

4.4.3.2 可视化工具

（1）丰富数据解读的可视化环境（VERDI）

丰富数据解读的可视化环境（VERDI）是一个灵活的、模块化的基于 Java 的可视化软件工具，它允许用户可视化由 SMOKE、CMAQ、WRF 等环境模拟系统创建的多元网格化环境数据集，即用户需要可视化和与观测数据进行空间和时间比较的网格化浓度和沉降字段。VERDI 的设计考虑了 PAVE 的大多数功能，因此能够以非常相似的脉络帮助用户分析和可视化模型输出，既可以使用命令行驱动的脚本，也可以使用图形化用户界面（GUI）。此外，VERDI 的开发很活跃，这有助于它增强超越 PAVE 的特性。详细信息可在 http://www.verdi-tool.org 网站上获取。

（2）大气模型评估工具（AMET）

大气模型评估工具（AMET）是一套设计用于促进气象和空气质量模型的分析和评估的软件。AMET 将特定位置的模型输出与来自一个或多个监测网的对应观测值进行匹配。接下来这些配对值（模型和观测）用于静态以及图形化地分析模型表现。更具体地说，AMET 目前设计用于分析来自 MM5、WRF 和 CMAQ 的输出以及 MCIP 后处理的气象数据（仅地表）。AMET 的基础结构由两个字段和两个过程组成。两个字段（科学主题）是指 MET 和 AQ，对应气象和空气质量数据。两个过程（动作）是指数据库推广和分析。数据库推广指的是 AMET 的底层结构；观测和模型数据在空间和时间上配对后，这一数值对被插入 MySQL 数据库。分析是指对这些配对和它们后续的绘图进行统计评估。实际上，用户可能仅对一个字段（MET 或 AQ）感兴趣，或者可能同时关注这两个字段。这项决定取决于研究的范围。AMET 的 3 个主要软件组件是 MySQL（一种开源数据库软件系统）、R（统计学计算和图形化的自由软件环境）以及 perl（开源、跨平台的编程语言）。详细信息可在 http://www.cmascenter.org 网站上获取。

（3）用于分析和可视化环境数据的软件包（PAVE）

PAVE 是一个灵活的分布式应用程序，用于可视化多变量网格化环境数据集。功能包括：基本图形，可选择将数据导出到高端商业软件包；能够访问和操作位于远程计算机上的数据集；支持多个同步可视化；允许 PAVE 由外部进程控制的体系结构；低计算开销；无软件分发成本。PAVE 软件在空气质量模型界广泛使用，它可以生成各种类型的地块，包括散点图、时间序列图、二维平面图、三维表面图、条形图和风矢量图等，PAVE 的源代码也是根据 GNU 通用公共许可证版本 2 的条款分发的。PAVE 可以在 Linux 命令提示符下运行，并且可以使用图形用户界面（GUI）调用各种命令/选项，或者所有这些都可以存储在脚本文件中并通过运行脚本来执行。但请注意，PAVE 不再更新，CMAS 已停止支持 PAVE，并鼓励用户转向 VERDI。详细信息可在 http://paved.sourceforge.net 网站上获取。

（4）综合数据查看器（IDV）

来自 Unidata 的综合数据查看器（IDV）是基于 Java 的软件框架，它用于分析和可视化地球科学数据。IDV 发布版包括了软件库和用该软件制作的相关应用。它使用 VisAD 库（http://www.ssec.wisc.edu/~billh/visad.html）以及其他基于 Java 的工具包。IDV 在 Unidata 程序中心（UPC）开发，它由国家科学基金赞助。软件在 GNU 宽通用公共许可证条款的约束下可免费获得。

IDV 能够读取 I/O API NetCDF 格式化文件，并且可以创建和操作图像和电影的脚本语言接口。脚本撰写是通过一个 XML 文件完成的，即 IDV 脚本语言（ISL）。ISL 文件可以从运行中的 IDV 直接打开，或者可以作为命令行参数传递给 IDV：runIDV capture.isl。详细信息可在 http://www.unidata.ucar.edu/software/idv/网站上获取。

（5）Panoply

Panoply 可以绘制来自 NetCDF、HDF、GRIB 和其他数据集的地理参考和其他数组。它是一个跨平台的应用程序，由美国国家航空航天局（NASA）基于 JAVA 开发的气象出图软件，操作简单。可在 Macintosh、Windows、Linux 和其他台式计算机上运行。当前版本的 Panoply 是 4.10.4，发布于 2019 年 2 月 4 日。

它能实现的功能包括：从较大的多维变量切片和绘制地理参考的纬度-经度、纬度-垂直、经度-垂直、时间-纬度或时间-垂直数组；从较大的多维变量切片并绘制通用 2D 阵列；从较大的多维变量中切割 1D 数组并创建线图；通过差分、求和或平均在一个图中组合两个地理参考阵列；使用 100 多个地图投影中的任何一个绘制全局或区域地图上的 lon-lat 数据，或制作纬向平均线图；在 lon-lat 地图上叠加大陆轮廓或掩模；使用众多颜色表中的任何一种作为缩放颜色条，或应用自己自定义 ACT、CPT 或 RGB 颜色表；将绘图保存到磁盘 GIF、JPEG、PNG 或 TIFF 位图图像或 PDF 或 PostScript 图形文件；以 KMZ 格式导出 lon-lat 地图；将动画导出为 MP4 视频或作为一组独立帧图像；探索远程 THREDDS 和 OpenDAP 目录以及从中提供的打开数据集。详细信息可在 https：//www.giss.nasa.gov/tools/panoply/网站上获取。

4.4.3.3　NCAR 命令语言（NCL）

NCAR 命令语言（NCL）是免费的解释型语言，它是为科学数据处理和可视化特别设计的。NCL 有实用且完善的文件输入和输出、数据分析和可视化功能。它可以读取 NetCDF、HDF4、HDF4-EOS、GRIB、binary 以及 ASCII 数据。从 NCL 输出的图像是高质量、高度定制化的。NCL 可以在多种不同操作系统上运行，包括 Solaris、AIX、IRIX、Linux、MacOSX、Dec Alpha 以及运行在 Windows 上的 Cygwin/X。它的二进制格式可以免费获得。NCL 可以以交互模式运行，对用户工作站输入的每行进行解释，或者可以作为完整脚本的解释器以批量模式运行。用户也可以使用命令行选项来设置 NCL 命令行上的选项或变量。

NCL 有大量预定义的函数和资源，用户可以轻松启用。这些函数和资源包括数据处理、可视化、多种数学和统计学分析的函数，如经验正交函数（EOFs）以及奇异值分解（SVD）。例如，contributed.ncl 是 NCL 中用户贡献函数的库。这个库由 NCL 发布，在用户的 NCL 脚本起始处加载，然后可以访问函数：load "$NCARG_ROOT/lib/ncarg/nclscripts/csm/contributed.ncl"。

NCL 有一些与现代编程语言相同的特性，包括类、变量、算子、表达式、条件语句、循环以及函数和程序。可以在 NCL 命令行中执行多种 NCL 命令，所有命令可以存在一个文件中并以如下方式开启：ncl commands.ncl。

NCL 也具备调用外部 Fortran 或 C 程序的能力。这一点是通过称为 WRAPIT 的 NCL 包装脚本实现的。包装脚本是一个描述所有变量并将它们在用户想调用的函数/程序以及调用它的 NSL 脚本间向前和向后传递的 C 程序。

详细信息可在 http://www.ncl.ucar.edu 网站上获取。

第 5 章
污染源清单模型基础数据预处理研究

针对我国目前缺少任意投影和分辨率网格的空间映射关系文件（surrogate file）、不同空间和行政单元的污染源难以分配到模型网格等问题，以全国人口、行政边界、土地利用等数据为基础，运用 GIS 和其他工具软件，开发了污染源清单模型基础数据预处理系统（简称 SA），建立了中国污染源空间映射分配关系。

5.1　研究背景

污染源排放清单是影响空气质量模型模拟结果准确性的重要因素之一。进行空气质量数值模拟，必须通过污染源前处理模型将污染源排放清单数据转换为空气质量模型可接受的数据格式。国外污染源排放清单建立方法已形成明确的体系，从数据的获取途径到数据处理和审核程序等都有相应的规范。而我国目前缺少任意投影和分辨率网格的空间映射关系文件，不同空间和行政单元的污染源难以分配到模型网格。

本书以高分辨率（30 m）土地利用数据为基础，通过建立污染源清单基础数据预处理 SA 系统（Spatial Allocator Tools），建立中国污染源空间映射分配关系，以简化中国模型污染源前处理工作。

5.2　SA 系统简介

SA 系统是 USEPA 和 NOAA（美国国家海洋和大气管理局）联合开发的开源模型，系统由矢量工具（vector tools）、栅格工具（raster tools）和映射工具（surrogate tools）3 个子工具组成，其中矢量工具可以实现 Shapefiles 投影及矢量数据转换功能；栅格工具可以操作 NLCD 等数据，可以将栅格数据转换为县边界或其他地理边界；映射工具可以管理大量空间映射数据的生成，并可以对映射数据进行合并和填充。

5.3　研究方法

5.3.1　技术流程

技术路线见图 5-1。

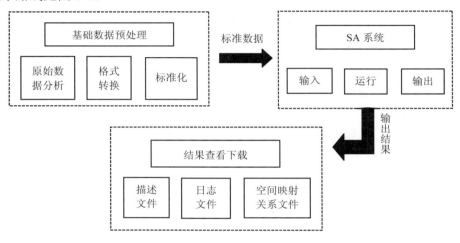

图 5-1　技术路线

5.3.2　污染源清单基础数据预处理

5.3.2.1　土地利用数据

本书的全国土地利用解译范围包括全国 31 个省、自治区、直辖市（不含港澳台）。遥感影像以 Landsat TM5 影像数据为主，同时辅以 CB-02B 星的 HR 高分辨率影像。个别面积较小的省份（如天津、北京、上海等）采用更高分辨率影像（SPOT4 或 SPOT5），辅助以 ALOS、RapidEye、福卫-2 等。主要采用遥感自动分类与目视解译相结合的方法，使用更高分辨率影像的省份其遥感解译的分类系统与全国分类系统保持一致。

（1）影像要求

采用的影像以 Landsat TM 6—9 月数据为主，在人为干扰影响小的区域适当放宽时相，采用其他卫星数据时，时相要求与相应 Landsat TM 的一致。单景影像要求平均云量小于10%，根据人为干扰影响的大小要求不同，干扰大易变化的区域要求尽量零覆盖，反之则可放宽到 20%以内。单景影像的噪声面积要求小于 10%。影像变形、有条带情况严重，不符合质量要求时，不予采用。

（2）影像的几何纠正

使用几何纠正时，一般地区影像为 polynomial；山区部分由于地形影响可采用 Landsat 模型。大地控制点按照控制点选取原则选择易识别、稳定的控制点，且要求控制点在影像范围内均匀分布，根据纠正模型和地形情况等条件确定控制点个数。

（3）土地利用数据的解译

本数据集是在 FROM-GLC-seg 数据基础上，通过目视解译得到的。但由于 FROM-GLC-seg 分类系统与本数据一级分类系统略有区别，在使用前需要进行转换。根据解译数据和相应影像套合情况，套合比较好的省份，可以在此基础上解译动态变化，推算 2013 年解译现状；套合比较差的省份，要先修改解译数据中的套合问题，然后再解译动态变化，最后在此基础上推算 2013 年解译现状；套合较差且问题比较严重的省份，必须重新解译 2013 年解译数据。

（4）土地利用解译数据的处理

土地利用解译数据的处理是在土地利用解译获得的 Arc Info coverage 数据集的基础上，在统一土地利用编码字段名之后，以 ArcGIS 桌面软件为主要工具，完成解译数据生态遥感监测土地利用分类体系向全国土地利用分类体系的转换和数据拼接。数据成果包括全国 31 个省、自治区、直辖市（不含港澳台）的土地利用面图层、土地利用面数据，输出的数据集分为以省为单元的土地利用覆盖数据和以市（县）为单元的土地利用覆盖数据。其具体流程可概括为：数据预处理（数据转换、数据拼接等）、分类编码转换、数据融合和拓扑检查。生成全国土地利用分类数据。

5.3.2.2　人口数据

本书的全国人口数据范围包括全国 31 个省、自治区、直辖市（不包括港澳台）。数据来源于美国 LandScan，该数据库是全球人口数据发布的社会标准，是基于地理位置的、具有分布模型和最佳分辨率的全球人口动态统计分析数据库。

通过 ArcCatalog 将公里网格的栅格数据转化为点状数据，之后进行投影处理（Albers Conical Equal Area），并将点状数据处理为 SA 工具可接收的 10 000 m×10 000 m 的面状数据（可根据需要处理为其他精度，如 5 000 m×5 000 m，但要保证该文件可以被 SA 正确读取，1 000 m×1 000 m 的数据是不能被 SA 读取的）。最终得到 1 个全国人口图层，为 Shp 数据格式。

5.3.3　SA 系统输入与输出

本书设计开发污染源清单模型基础数据预处理系统可视化界面（见图 5-2），系统输入文件包括空间数据和配置文件两类。

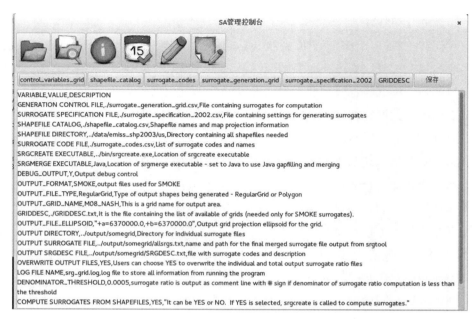

图 5-2　污染源清单模型基础数据预处理系统

5.3.3.1　空间数据

空间数据主要的格式为 Shapefile 文件，包括基础多边形图层及权重图层（如人口数据图层、土地利用图层）。

5.3.3.2　配置文件

配置文件包括全局控制变量文件、SHP 目录文件、空间映射关系描述文件、空间映射关系代码文件、产生控制文件 5 个 csv 文件和 txt 格式的描述文件。

5.3.3.3　SA 系统的运行

通过命令行参数运行 SA 工具，运行时会有运行进度及情况提示，也可以在运行完后查看日志文件运行详细信息，运行结果将输出至本地目录下。

5.3.3.4　映射工具的输出文件

包括空间映射关系描述文件、日志文件、输出文件。

（1）描述文件：描述文件的格式为 txt 文本文件，描述所有生成的所有空间映射文件的名称、代码、输出路径等信息。

（2）日志文件：映射工具输出的日志文件。其中描述了相关参数的设置及运行时的警告、错误信息。

（3）输出文件（Surrogate File）：包括临时文件、脚本文件及映射文件。其中，临时文件用于调试及记录映射文件的产生过程；脚本文件存放每一个映射产生的脚本；映射文件是映射工具最终生成并可以在排放模型中使用的数据，有两种格式，一种为格网，一种为多边形。映射文件由两部分组成，存放的形式都是一般 txt 文本文件。

5.4　结论

本书基于 2012 年全国人口数据、全国行政区划数据以及 30 m 高分辨率土地利用数据，完成污染源清单模型基础数据预处理系统开发工作，建立了任意投影和分辨率网格的空间映射关系文件，完成污染源排放清单的基础性工作，弥补了我国排放清单研究工作缺少统一空间映射关系文件的空白。

第6章
WRF 同化应用研究

本章介绍模型在中国气象局公共气象服务中心（简称"公服中心"）的应用和对应的同化系统特点，将详细介绍公服中心的 LAPS-WRF 快速更新同化系统，结合实际的应用案例，以更好地理解该系统的功能和效果。

6.1　WRF 模型应用情况

6.1.1　模型应用

WRF 模型在国内的气象业务和科研中已有广泛应用。由于具有较高的模拟精度和运算效率，一些气象部门已经基于 WRF 模型建立了中尺度数值天气预报系统，对于降水（暴雨、暴雪）、风场、气温、辐射等要素有较好的预报精度，另外，WRF 模型输出的中尺度要素场能描绘隐藏在弱强迫天气尺度系统中的中小尺度对流系统，对于雷暴的发生地点和时间有较好的指示。因而，当前的 WRF 模型的业务应用研究多重点关注如何进一步提高模式的预报准确率，主要有两个方面：一是对模型内部不同物理参数化方案的对比检验，以寻求特定区域最优的物理参数化方案组合来提高预报效果；二是同化各种观测资料，通过改善模式的初始场的精度以提高预报的准确率。另外，基于 WRF 模型的行业气象领域应用研究也是应用较多的一个方面。

中国气象局公共气象服务中心（简称"公服中心"）是中国气象局直属事业单位，主要承担面向国家级媒体的气象信息发布传播服务，国家突发公共事件预警信息服务，面向交通、电力、水文、地质等行业的专业气象服务，风能、太阳能资源开发利用气象服务，以及气象科普及气象服务评价等业务服务任务，并负责全国公共气象服务的业务技术指导等工作。

鉴于公众和行业气象服务功能，WRF 模型在公服中心有较多的应用，主要在两个方面：一是应用 WRF 模型于风能、太阳能和水文预报，开展风电场、大中型水库、太阳能气候资源预测评估等行业气象服务；二是基于 WRF 模型建立数值天气预报系统，开展中尺度天气的短临预报等。当前正在使用的同化系统是中心本地化改进发展的 STMAS（Space Time Multiscale Analysis System，时空多尺度分析系统）模型技术，与 WRF 模型形成快速更新同化预报系统，将 WRF 模型的预报输出文件作为同化系统的背景场，STMAS 模型的同化结果作为 WRF 预报模型的初始场和边界条件，形成一个循环更新预报系统，可有效提高中尺度天气的预报准确率和精细化水平。

6.1.2　WRF 模型对应的同化系统

公服中心的 WRF 模型系统采用的资料同化技术是 STMAS 系统，由于 STMAS 系统的运行要依赖于 LAPS（Local Analysis and Prediction System，局地分析预报系统）框架，故也称为 LAPS-STMAS3D 系统。目前，通过环境搭建和系统部署、观测资料接口程序编写调试、系统参数本地化、模式算法改进、模式参数修正、模式经验公式本地化等，完成基于 LAPS-STMAS3D 时空多尺度数据分析系统的多源数据接入和融合，并实现系统的本地化运行。

LAPS-STMAS3D 系统是在 LAPS 基础上的更新升级，其特色云分析、水汽分析模块为主产生的三维分析要素和导出量有应用于环境、航空、建筑等多项专业领域服务的重大潜力。已开展的 LAPS-STMAS3D 系统高空产品连接天气模式的可用性检验结果显示，LAPS-STMAS3D 系统可为模式提供更为精细客观的模式初始场和边界场，对提高模式预报准确率和精细化程度有明显贡献。

LAPS 是美国 NOAA/ESRL/GSD 开发的一个局地气象数据融合系统。STMAS 系统是在 LAPS 的框架下开发的新一代融合系统，最早应用于美国麻省理工技术学院林肯实验室边界层辐合线检测的临近预报业务。

STMAS 系统利用多源、多时空特征实况观测数据结合数值模式预报作为背景场进行综合分析、互相校正融合到一个时空四维的网格点上，得到网格点上的气象要素及导出变量的分布。数据融合算法包括了风分析、地面分析、温度分析、云分析和水汽分析等 5 个方面。具有 6 个方面特点：①融合数据种类丰富。可将不同观测时间、不同精度的自动站、雷达、卫星、风廓线仪、GPS-Met 水汽数据等观测数据融合，生成三维格点数据。②整个数据融合算法建立在模式预报背景场的基础上，同时加入了地形调整。充分利用数值模型的计算结果，使得融合数据结果不仅具有天气系统的代表性，还经过地形的调整。③5 个方面的分析严格按顺序进行，每个分析不但充分利用有关观测数据，而且充分利用了前面的分析结果。④5 个方面的分析中，每个分析都要充分利用有关的所有数据，进行多种数据的互相校正、综合分析，得到一个尽可能合理准确的唯一结果。⑤分析算法（数据互相校正的方法）透明，便于改进和调整。⑥可输出各种导出产品，兼顾预报和服务方面的需要。

LAPS-STMAS3D 系统的功能是利用多源、多时空特征实况观测数据（包括地面站点观测、探空观测、雷达、卫星通道、闪电、风廓线等多源资料），结合中国气象局最新研发的 Grapes_meso 或 T639 数值模式预报作为背景场进行综合分析、互相校正同化到一个时空四维的网格点上，得到网格点上的气象要素及导出变量的分布。其算法包括风分析、地面分析、温度分析、云分析和水汽分析等 5 个方面，相对于其他同化方法，该算法具有如下优势：

（1）引入多重网格，考虑多尺度信息，能够解析出观测中细小的特征，更接近实际观测。

（2）控制变量为 u/v 风场，优于其他方法将流函数/势函数作为控制变量，显著减少了噪声信息；另外，风场的不可压缩约束条件，使得风要素场的同化效果更好。

（3）带状矩阵，计算迭代速度快。

（4）处理约束函数灵活，实现约束条件最优化。

（5）在模式预报背景场的基础上，同时加入了地形调整，使得融合结果具有天气系统的代表性，并明显体现地形作用。

收集到的各种观测数据首先经过"质量控制"（quality control），再经格式转换、预处理，进入"数据融合"（data fusion）模块，在背景场基础上经过数据融合计算，得到同化后格点上的气象要素值，最后是生成的实况格点数据的格式转换和效果检验。

具体步骤如下：

（1）多源数据获取：系统从数据服务器将模型背景场资料、探空资料、地面自动站资料、雷达资料、卫星资料等数据下载至本地的指定文件目录。

（2）多源数据前处理：通过数据解析和格式转换、重投影、拼图等三步重点处理雷达数据，同时将背景场数据、探空数据、地面自动站资料、卫星资料进行数据解析和转换工作，其中，格点数据统一转换为 NC 文件，站点数据转换为 BUFR 文件，另外，完成各类数据的质量控制，包括气候极值检查、标准差检查、背景场检查等。

（3）数据变分融合：LAPS-STMAS3D 系统的核心算法，将前处理后的各类观测数据通过温度分析、云分析、STMAS3D 分析等步骤，三维变分同化到同一套三维网格上。

（4）产品格式转换：为减少传输数据量，保证接收时效，统一使用 GRIB 复杂压缩（二级压缩）格式接收和分发产品（.gr2 格式）。因此，将生成的三维大气温、压、湿、风等基本气象要素产品及常用的衍生量产品统一转换至同一 .gr2 文件中。

（5）分析结果检验：对 LAPS-STMAS3D 的分析结果与（站点）实测数据进行逐要素、逐层、逐小时、逐站（或区域平均）的对比检验。

6.2　公服中心系统应用

由于 LAPS-STMAS3D 系统可为 WRF 模型提供更为精细客观的模式初始场和边界场，可以提高模式预报准确率和精细化程度，因此，基于 WRF 模型和 LAPS-STMAS3D 系统的短临预报研究与应用得到发展。公服中心建立了 LAPS-WRF 模型系统用于太阳能辐射模拟。

LAPS-WRF 太阳辐射模式系统主要由基于卫星资料多时间层同化的局地分析预报系统 LAPS 和中尺度气象模型 WRF 组成，其中 LAPS 在每天 4 次的 NCEP 大尺度背景场中同化了 FY2C 可见光和红外云图数据以及同时刻的探空和地面观测资料，以改进三维云初始场，并为 WRF 模型提供初始场，进行辐射模拟。本书采用刘瑞霞等的方法将 FY2C 卫星数据同化到 LAPS 云分析模块中，即首先将卫星各通道数据提取出来，进行插值及边缘平滑处理、太阳高度角订正，最后按照 LAPS 需要的格式将卫星资料投影到 LAPS 网格点上，生成中间文件，这些中间文件使用 LAPS 原有接口进入云分析模块。三维云分析模块主要采用了逐步订正方案，获得的云参数包括三维云量场、大气柱云量、云底高度、云顶高度等，产生的三维云量场用于其他云物理参数如云水、云冰含量、云分类等的计算。经过卫星资料同化后，WRF 模型初始场中除云量外，水汽有较大变化，增加了云水、雨水、雪水、冰水含量等变量。

使用资料包括：2008 年 1 月、6 月、7 月、8 月华北地区 30 min 一次的 FY2C 静止气象卫星红外通道（11 μm 和 3.9 μm）和可见光通道数据；同期全国每天两次的 MICAPS 气象探空资料以及 3 h 一次的 MICAPS 地面气象观测资料；同期上甸子区域大气本底站每日 3 次（北京时间 8 时、14 时、20 时）的人工观测总云量资料以及上述时段逐分钟总辐射观测数据，并采用 C N Long 等辐射数据质量控制方法对总辐射分钟数据进行了严格的质量控制，同时进行小时平均处理。需要说明的是，为了作图方便，下文中将观测总云量为 10⁻ 的值替换为 10。

6.2.1　LAPS 与 WRF 模型基本参数设置

（1）网格设置：采用三重单向嵌套网格，中心点位于北京上甸子区域大气本底站（40.65°N、117.12°E，海拔 293.3 m）。第一重网格范围：27°—51°N、91°—141°E，网格数为 137×104，网格距为 27 km；第二重网格范围：35°—43°N、108°—125°E，网格数为 148×109，网格距为 9 km；第三重网格范围：38°—41°N、114°—119°E，网格数为 148×121，网格距为 3 km；三重网格垂直方向均分为不等距 28 层，其分辨率在大气低层较高并随高度逐渐降低。

（2）物理过程参数化方案：积云参数化方案为 Kain-Fritsch（new Eta）方案，边界层参数化方案为 MYJ 湍流动能方案，大气辐射方案为 RRTM 长波和 Dudhia 短波方案。

（3）模拟时段：2008 年 1 月、6 月、7 月、8 月。

（4）初边值条件：采用全球 1°×1°、6 h 一次的每天 24 h NCEP 再分析资料作为大尺度气象背景场和边界条件。

（5）辐射计算频率和输出时间频率：辐射计算频率为 10 min 一次；逐 10 min 输出一次总云量、总辐射等物理量。

6.2.2　试验方案设计

（1）控制试验：直接采用 NCEP 再分析资料驱动 WRF，进行 24 h 总辐射模拟。

（2）敏感试验：首先采用 LAPS 模型将 FY2C 卫星红外和可见光通道数据、MICAPS 探空和地面观测数据同化到同时刻的 NCEP 再分析场资料中，得到该时刻的三维云客观分析场，并作为 WRF 的初始场，进行 24 h 总云量和总辐射模拟。在做卫星资料同化时，每天进行多时间层（每隔 6 h 一次）同化，即同化背景场为世界时 0 时、6 时、12 时、18 时的 NCEP 再分析场资料。

6.2.3　典型降水天气过程的总辐射模拟效果

本书分析了一次典型降水天气过程卫星资料同化前后总辐射模拟误差及其原因。图 6-1 为 2008 年 6 月 13—15 日上甸子站观测总云量和降水量的时间变化特征。可以看出，这是一次典型的夏季锋面降水过程。6 月 13 日为锋前典型天气，白天多云，8 时、14 时、20 时总云量分别为 10 成、10⁻成、10⁻成。13 日 21:00—14 日 0:00 出现连续降水，其中 22:00 降水量达整个降水过程的最大值（8.1 mm）；14 日锋面过境，6:00—17:00 出现连续降水，而且 12 h 累计降水达 17.7 mm，为大雨量级；15 日为阴天，3 个时次总云量均为 10 成。

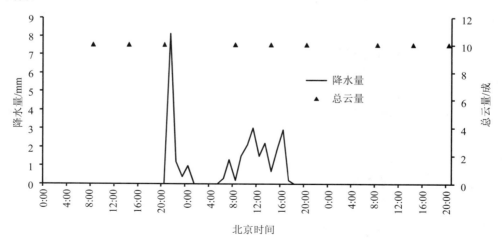

图 6-1　2008 年 6 月 13—15 日上甸子站观测总云量和降水量的时间变化

图 6-2 给出了上述典型降水天气过程上旬子站同化前后总辐射模拟值与观测值的时间变化特征。可以看出，该过程卫星资料同化前后模拟总辐射与实测值的时间变化趋势基本一致。多数时刻同化前后总辐射模拟值高于实测值，但大部分时段同化后模拟值较接近于实测值。除 6 月 13 日同化后总辐射改进时段较少（12:00—14:00 有改进）外，6 月 14 日和 15 日两天白天总辐射模拟效果均得到显著改进。其中 14 日同化后总辐射模拟效果改进最显著，尤其是降水时段同化后模拟误差显著减小。白天同化前模拟误差为 582 W/m²，12:00 模拟误差最大，达 908 W/m²；而同化后平均模拟误差为 130 W/m²，除 12:00—14:00 模拟值与实测值的差值较大（分别为 258 W/m²、278 W/m²、446 W/m²）外，其他时刻模拟误差均小于 200 W/m²。

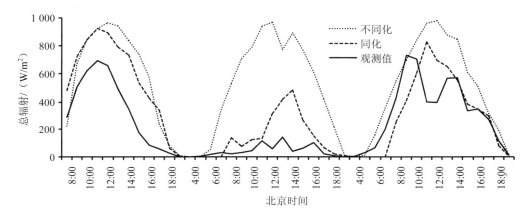

图 6-2　2008 年 6 月 13—15 日上旬子站同化前后总辐射模拟值与观测值的时间变化

图 6-3 给出了同化前后总辐射模拟值与观测值的相关特征。结果显示，同化前后总辐射模拟值与观测值的相关系数分别为 0.61、0.82，即同化后两者的相关性较同化前显著改进，而且同化后模拟值集中分布于趋势线附近，而同化前模拟值的分布较离散。

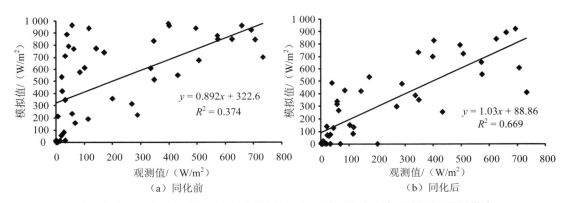

图 6-3　2008 年 6 月 13—15 日上旬子站同化前后总辐射模拟值与观测值的散点

本书分析了该典型降水天气过程经过卫星资料同化后总辐射模拟效果改进的原因，对比分析了该降水过程每天 8:00、14:00、20:00 三个时刻同化前后模拟总云量与观测总云量。结果发现，3 天共 9 个时刻同化前后模拟总云量均小于 2 成，而观测总云量为 10 或 10⁻成，即同化前后模拟总云量远小于观测值。图 6-4 给出了该过程逐 10 min 上旬子站同化后模拟总云量与同化前的差值的时间变化特征。可以看出，除 6 月 13 日外，该过程多数时段同化后模拟总云量较同化前有所增加，其中 14 日增幅较大，9:00 总云量增幅最大，达 3.6 成；15 日白天多数时段的增幅也大于 1 成。综上所述，尽管 9 个时刻同化后模拟总云量低于实测值，但 13—14 日有降水时刻和 15 日多云时段同化后总云量模拟值较同化前有所增加，更接近于实测云量。总云量增加后，云的反射和散射作用增强，导致模拟总辐射减小，更接近于实测总辐射值。

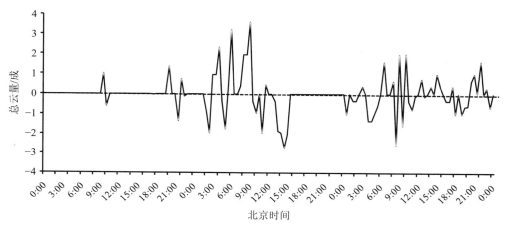

图 6-4　2008 年 6 月 13—15 日上旬子站同化后模拟总云量与同化前的差值时间变化

6.3　同化前后模拟误差分析

表 6-1 给出了 2008 年 1 月、6—8 月 3 类天气条件下及 6 月典型降水天气过程同化前后总辐射模拟误差及同化后误差小于同化前的比例统计。需要说明的是，表 6-1 中同化前后的平均相对误差是相对误差取绝对值后的平均值；同化前最大相对误差是指相对误差中正的最大值或负的最小值，同化后最大相对误差是指与同化前最大误差对应时刻的值；减小比例即为同化后总辐射模拟误差小于同化前的比例。由表 6-1 可以看出，1 月晴天、多云和夏季晴天 3 种天气条件下同化前后模拟总辐射误差相对较小（除 1 月多云误差相对较大外，晴天同化前后平均相对误差均小于 21%）；同化后模拟效果改进不明显，因为均方根误差和平均相对误差反而略微增加（均方根误差仅分别增加 4.6 W/m²、0.5 W/m²、

0.5 W/m²，平均相对误差分别增加 3.3%、15.1%、1.4%），但同化后的最大相对误差有所减小。这可能与 WRF 辐射参数化方案对其他主要因子（如气溶胶和臭氧）对大气辐射的影响刻画不细致以及多云天总云量的改进效果不明显有关。夏季多云、有降水天气过程及 6 月典型降水天气过程 3 种天气条件下同化前总辐射模拟误差较大（均方根误差均大于 194 W/m²，平均相对误差均大于 105%），而且最大相对误差较大，均高于 778%。而同化后模拟误差大幅度减小，尤其是 6 月典型降水过程同化后均方根误差和平均相对误差较同化前分别减小了 102.6 W/m² 和 355.9%；同化后总辐射模拟相对误差小于同化前的比例也较高，均高于 59%，6 月典型降水过程减小比例高达 75%，即大部分时刻同化后模拟误差均小于同化前。这与该过程总云量模拟效果显著改进有关。本书云天模拟误差与美国业务运行辐射预报模式的误差分布范围较一致。

表 6-1　2008 年 1 月和夏季 3 类天气条件下及 6 月典型降水天气过程同化前后
总辐射模拟误差及同化后相对误差小于同化前的比例

天气类型	同化前均方根误差/（W/m²）	同化后均方根误差/（W/m²）	同化前平均相对误差/%	同化后平均相对误差/%	同化前最大相对误差/%	同化后对应相对误差/%	减小比例/%
1 月晴天	10.41	15.03	16.85	20.12	−99.33	−99.33	6.98
1 月多云	70.00	70.54	35.31	50.40	100.48	67.06	22.03
夏季晴天	62.55	63.04	15.03	16.42	75.12	61.35	43.1
夏季多云	194.01	182.21	105.70	80.05	778.96	533.47	59.2
夏季降水过程	229.17	200.99	185.70	144.59	795.30	554.23	60.1
6 月典型降水过程	273.86	171.25	515.62	159.65	2 597.21	190.87	75.00

第 7 章
CMAQ 在源解析中的应用研究

不同强化措施情景下"2+26"城市空气质量模拟研究

为妥善应对秋冬季重污染天气，针对京津冀及周边地区"2+26"城市部署了秋冬季大气污染综合治理攻坚行动，重点实施了清洁取暖"双替代"、燃煤锅炉清理、"散乱污"企业治理、企业错峰生产与应急预警、错峰运输、提升油品质量等强化措施。本书采用 CMAQ 模型对 2017 年冬防攻坚行动减排效果进行了评估，该工作中模拟采用双层嵌套：外层区域涵盖全国所有省份，网格水平分辨率为 36 km×36 km，网格数为 200×160；内层区域涵盖整个华北地区（包括京津冀及周边"2+26"城市），网格水平分辨率为 12 km×12 km，网格数为 120×102，垂直分层 20 层，顶高约为 15 km。模拟中使用的气象参数由中尺度气象模型 WRF 模拟提供；污染源排放清单以清华大学 2012 年全国污染源排放清单（MEIC2012）为基准，根据现有的环境统计数据调整后建立而成。模拟结果首先与"2+26"城市 2016 年 12 月所有国控站点的 SO_2、NO_2、$PM_{2.5}$ 观测值做对比校验，结果见图 7-1。

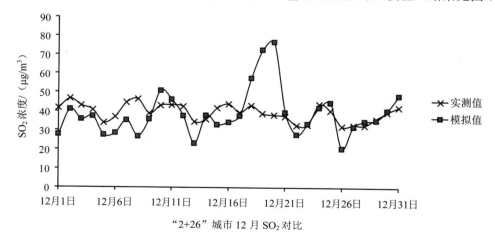

"2+26"城市 12 月 SO_2 对比

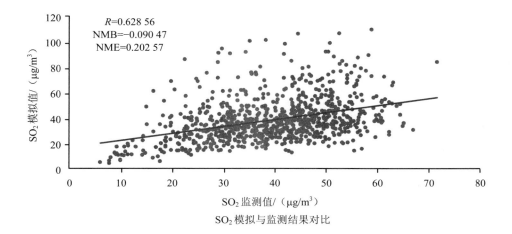

SO₂ 模拟与监测结果对比

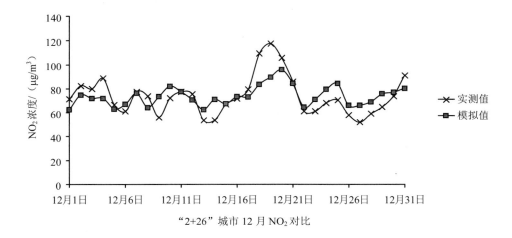

"2+26" 城市 12 月 NO₂ 对比

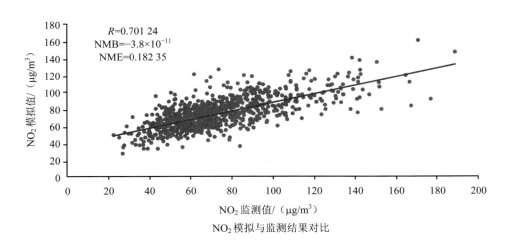

NO₂ 模拟与监测结果对比

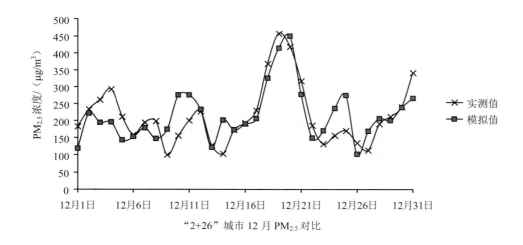

"2+26" 城市 12 月 $PM_{2.5}$ 对比

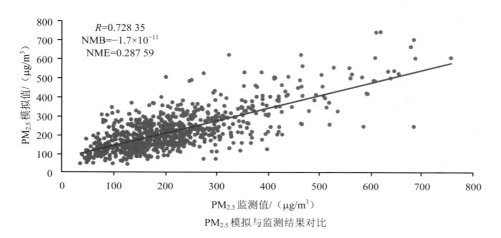

$PM_{2.5}$ 模拟与监测结果对比

图 7-1　SO_2、NO_2、$PM_{2.5}$ 模拟值与监测值对比

　　研究保持其他输入参数不变，单纯改变气象参数输入，发现 2017 年与 2016 年第 4 季度气象条件的不同对京津冀及周边地区的 $PM_{2.5}$ 有一定影响，影响存在明显的区域差异。京津冀周边地区如山东、山西、内蒙古、辽宁大部分地区，2017 年的气象条件使得 $PM_{2.5}$ 浓度下降，下降幅度在 15%～30%。河北的张家口和承德北部，以及北京、天津，2017 年的气象条件有利于 $PM_{2.5}$ 浓度的下降，下降幅度在 10%～15%，但河北南部地区，如保定、石家庄、邢台、邯郸、衡水，以及唐山、秦皇岛、承德南部，2017 年的气象条件不利于 $PM_{2.5}$ 浓度的下降，反而可以导致 $PM_{2.5}$ 浓度的上升，上升幅度在 15%～25%（见图 7-2）。

2017 年与 2016 年 PM$_{2.5}$ 浓度差值成分比/%

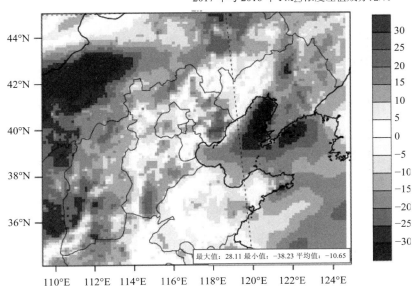

图 7-2　2017 年与 2016 年第 4 季度不同气象条件对京津冀及周边地区 PM$_{2.5}$ 浓度影响

研究保持其他输入条件不变，仅根据采取清洁取暖"双替代"、燃煤锅炉清理、"散乱污"企业治理、企业错峰生产与应急预警以及错峰运输、提升油品质量等减排措施的不同，分别得到相应的减排前后源清单，对比采取措施前后模拟浓度差异，得到如下结论：京津冀及周边地区"双替代"措施使得"2+26"城市国控监测点位 SO$_2$ 的下降比例在 2%～26%；NO$_2$ 的下降比例在 1%～3%；CO 的下降比例在 2%～35%；PM$_{10}$ 的下降比例在 2%～28%；PM$_{2.5}$ 的下降比例在 3%～28%。京津冀及周边地区燃煤锅炉清理措施使得"2+26"城市国控监测点位 SO$_2$ 的下降比例在 2%～40%；NO$_2$ 的下降比例在 2%～7%；CO 的下降比例在 1%～11%；PM$_{10}$ 的下降比例在 1%～15%；PM$_{2.5}$ 的下降比例在 1%～15%。京津冀及周边地区"散乱污"治理措施使"2+26"城市国控监测点位 SO$_2$ 的下降比例在 1%～30%；NO$_2$ 的下降比例在 1%～10%；PM$_{10}$ 的下降比例在 1%～8%；PM$_{2.5}$ 的下降比例在 1%～8%。京津冀及周边地区错峰生产与应急减排措施使得"2+26"城市国控监测点位 SO$_2$ 的下降比例在 5%～25%；NO$_2$ 的下降比例在 5%～12%；PM$_{10}$ 的下降比例在 4%～22%；PM$_{2.5}$ 的下降比例在 4%～21%。京津冀及周边地区错峰运输、提升油品质量等交通强化措施实施使得"2+26"城市国控监测点位的 NO$_2$、PM$_{2.5}$ 和 PM$_{10}$ 浓度有轻微的下降，NO$_2$ 的下降比例在 0.5%～0.8%；PM$_{2.5}$ 和 PM$_{10}$ 的下降比例在 0.05%～0.1%（见图 7-3～图 7-7）。

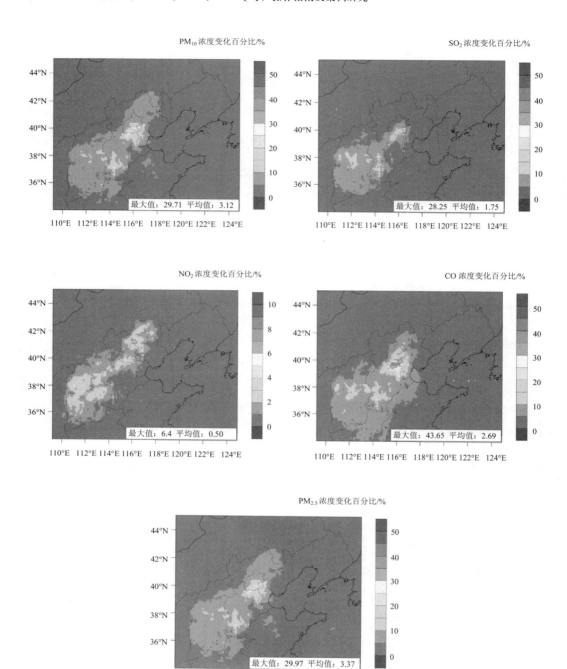

图 7-3   "双替代"措施实施前后 SO_2、NO_2、CO、$PM_{2.5}$、PM_{10} 的模拟浓度变化百分比

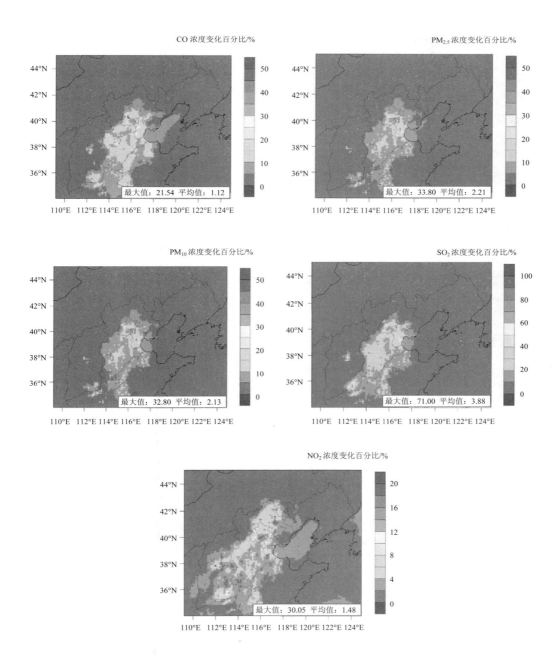

图 7-4　燃煤锅炉清理前后 SO₂、NO₂、CO、PM₂.₅、PM₁₀ 的模拟浓度变化百分比

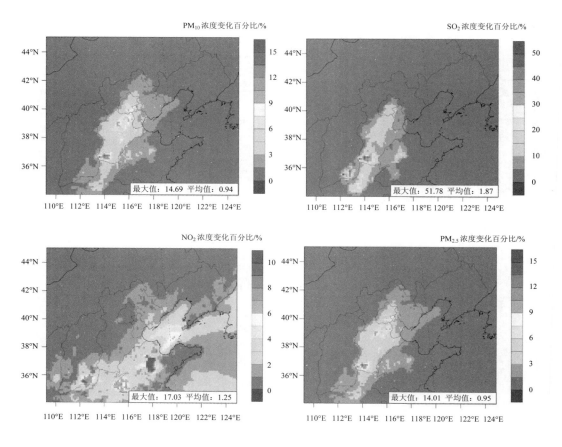

图 7-5   "散乱污"治理前后 SO₂、NO₂、PM₂.₅、PM₁₀ 的模拟浓度变化百分比

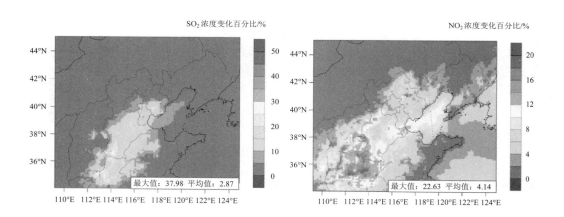

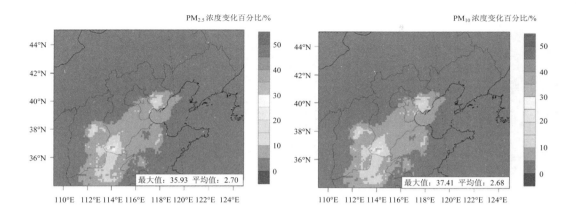

图 7-6　错峰生产与应急减排措施实施前后 SO$_2$、NO$_2$、PM$_{2.5}$、PM$_{10}$ 的模拟浓度变化百分比

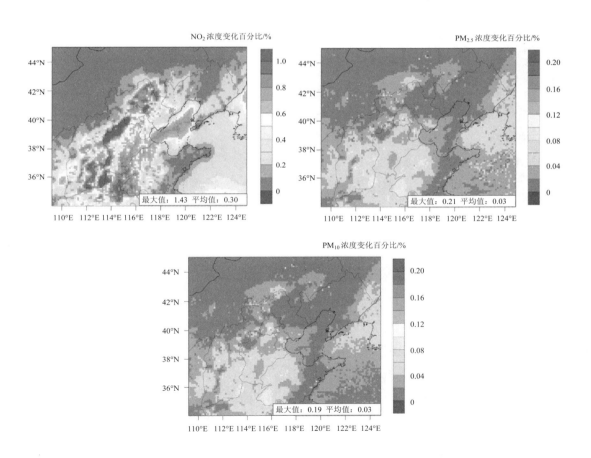

图 7-7　错峰运输、提升油品质量等交通强化措施实施前后 NO$_2$、PM$_{2.5}$、PM$_{10}$ 的模拟浓度变化百分比

第8章
CMAQ 在环评中的应用研究

8.1　CMAQ 在环评中的案例分析

采用区域光化学模型 CMAQ，基于区域污染源排放清单，结合浙江舟山某电厂虚拟案例的环评排放量进行 $PM_{2.5}$ 预测。

8.1.1　模拟区域和模拟时段

采用三层嵌套网格，外层为内层提供边界条件，以提高内层模拟的准确性。第一层为我国东部地区，范围 1 782 km×1 620 km，分辨率 27 km；第二层为浙江地区，范围 702 km×594 km，分辨率 9 km；第三层包括舟山的 2 个市辖区（定海区、普陀区）、2 个县（岱山县、嵊泗县），范围 162 km×162 km，分辨率 3 km。选取 2014 年基准年的 1 月、4 月、7 月、10 月分别代表冬、春、夏、秋 4 个季节进行模拟，以反映四季的污染特征。

8.1.2　气象场

本书采用 WRF-ARW 中尺度气象模型生成三维气象场，主要输入数据如下：

（1）地形、土地利用等使用官方公布的地理数据，在 WPS 中将数据插值到设置的三层网格中，获得地形和下垫面资料。

（2）初始及边界场数据采用美国国家环境预报中心（NCEP）提供的 ds083.2 数据集，时间分辨率为 6 h，空间分辨率为 1 度，垂直方向分为 26 层，该数据来自全球预报模式 GFS。

（3）高空观测数据采用 NCEP ds361.0 数据集，地面观测数据采用 NCEP ds461.0 数据集，数据时间间隔均为 6 h，在 OBSGRID 程序中进行观测数据同化，并在 WRF 模拟中开启四维同化选项，以提高模拟气象场的准确性。

（4）海面温度数据采用 NCEP RTG_SST 数据，时间分辨率为 1 d，空间分辨率为 1/12 度。

8.1.3　基准排放清单

第一层和第二层网格（即中国东部和浙江区域）采用 MEIC 排放清单。

第三层舟山市的排放清单，根据收集到的舟山市各种统计数据，按照生态环境部污染源清单相关编制指南和国内外相关文献中的方法计算得出。电力、工业锅炉当作点源处理，点源烟囱参数缺失的，根据锅炉的吨位按照锅炉设计标准采用经验值，在 CMAQ 中，采用模型内置的算法计算点源的烟羽抬升得到垂直分布；居民源、道路移动源、农牧源、扬尘、非道路源等均当作面源处理，结合道路网、土地利用类型等空间数据对这些面源进行空间分配，从而得到网格化的面源；工艺过程源既包括有组织排放，也包括无组织排放，将有组织排放当作点源处理，无组织排放当作面源处理。

各层的自然源清单均采用 MEGAN 生物源处理模式计算得到。MEGAN 根据植被类型、叶面积指数、排放因子以及三维气象场数据，计算逐时变化的污染物排放量，MEGAN 输出的结果可直接用于 CMAQ 空气质量模型系统。

8.1.4　案例电厂排放清单

案例电厂各机组 SO_2、NO_x、烟尘污染物年排放量见表 8-1。

表 8-1　电厂各机组污染物年排放量　　　　　　　　　　　　　单位：t/a

机组	SO_2	NO_x	烟尘
1#	84	120	50
2#	91	130	54
3#	202	289	120
4#	236	337	140
汇总	613	876	364

8.1.5　CMAQ 模型设置

本书采用的 CMAQ 模型版本为 5.0.2，主要输入参数设置如下。

（1）模拟区域网格：WRF 和 CMAQ 模型均采用兰伯特投影坐标系，坐标原点为北纬 30°，东经 120.566°，两条标准纬线为 20°和 40°。本书采用三层网格嵌套，CMAQ 在垂直方向上采用 16 层。为了减少气象边界对模拟结果的影响，各个方向 WRF 模型网格均比 CMAQ 多 6 个格点。

（2）初始条件：本书模拟时段为 2014 年 1 月、4 月、7 月、10 月 4 个典型月份，代表四季污染特征。为减少初始条件的影响，每个月提前近一周开始模拟，使用前一天得到的浓度场作为第二天的输入初始条件。

（3）边界条件：本书采用三层网格嵌套，最外层采用默认的预设值作为边界条件，第二层边界条件采用第一层的浓度输出结果，第三层边界条件采用第二层的浓度输出结果。

（4）化学机制：本书化学机制采用 CB05，气溶胶机制采用 AER06，包含 156 个化学反应和 52 个化学物种。

（5）源贡献：CCTM 化学传输模块中采用了 ISAM 源贡献算法，对输入的污染源进行分组，并分析各源组的贡献。ISAM 通过对不同区域或不同种类的污染源添加示踪物，追踪污染物从源排放到大气中扩散、传输、沉降、转化等整个物理和化学过程，从而得到不同源的贡献率。

8.1.6　预测情景

由于光化学反应的非线性，要分析目标污染源的贡献率，应考虑在区域污染源排放清单中增加目标污染源排放（对于本案例的污染源，该情景为现有区域污染源+电厂污染源），并将光化学模拟的结果与基准排放清单情景的差异作为目标污染源的贡献值。

8.1.7　$PM_{2.5}$ 预测结果

图 8-1～图 8-4 为采用 CMAQ 光化学模型在两种预测情景下得到的各季节 $PM_{2.5}$ 浓度差异，即案例电厂的 $PM_{2.5}$ 浓度贡献值。从图中可以看出，案例电厂对周边 $PM_{2.5}$ 浓度上升有一定的贡献，除案例电厂排放的一次 $PM_{2.5}$ 贡献外，排放的颗粒物前体物 SO_2 和 NO_x 也发挥了较大的作用；案例电厂对东部远海区域 $PM_{2.5}$ 浓度有一定的负贡献，这可能是由于案例电厂排放的 NO_x 相对 SO_2 更多，而东部远海区域船舶源排放的原本形成二次硫酸盐的 SO_2 有一部分被案例电厂排放的 NO_x 竞争性反应形成二次硝酸盐，由于硝酸盐的分子量小于硫酸盐，从而导致东部远海区域 $PM_{2.5}$ 浓度有一定程度的降低。

从图中可知，案例电厂对舟山市 $PM_{2.5}$ 的贡献较小，由于舟山市 $PM_{2.5}$ 环境质量状况较好，不会导致 $PM_{2.5}$ 的超标。$PM_{2.5}$ 的增量也在舟山市显著性水平范围之内。

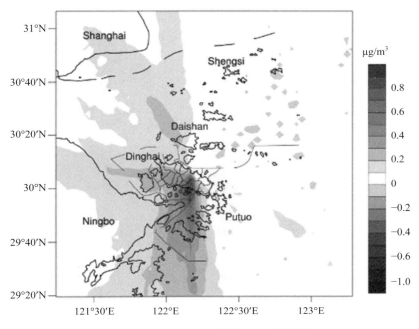

图 8-1　1 月 PM$_{2.5}$ 月平均浓度差异分布

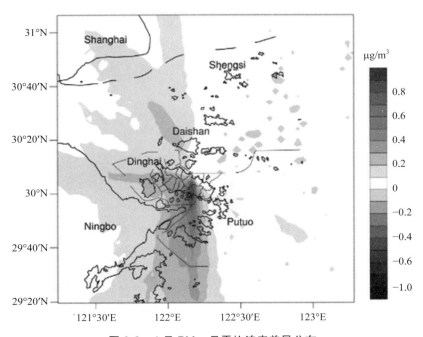

图 8-2　4 月 PM$_{2.5}$ 月平均浓度差异分布

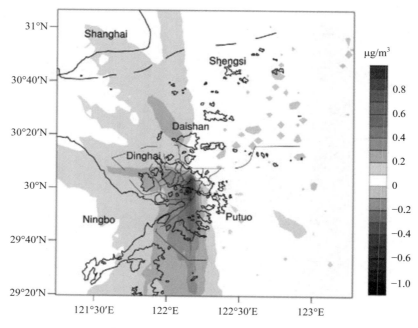

图 8-3　7 月 PM_{2.5} 月平均浓度差异分布

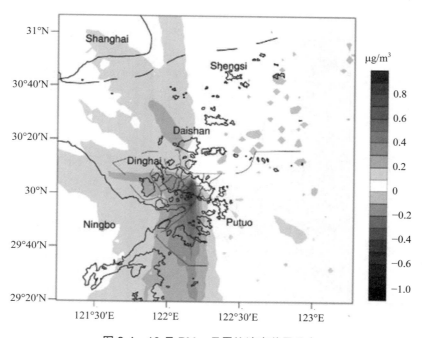

图 8-4　10 月 PM_{2.5} 月平均浓度差异分布

8.2　CMAQ 模型在环评中的应用建议

8.2.1　满足战略环评及规划环评需求

《"十三五"环境影响评价改革实施方案》提出要以改善环境质量为核心，以全面提高环评有效性为主线，以创新体制机制为动力，以"生态保护红线、环境质量底线、资源利用上线和环境准入负面清单"为手段，强化空间、总量、准入环境管理，划框子、定规则、查落实、强基础，不断改进和完善依法、科学、公开、廉洁、高效的环评管理体系。

针对当前大气环境呈现的复合型、区域型污染特征，CMAQ 可为确定"质量目标"与"控制措施"间的定量化关系提供技术支持。具体来说，需要根据现状污染源清单以及规划期污染源强的变化情况，分别设置基准情景和预测情景，通过对比两种情景下的模拟结果，定量评估规划方案带来的环境效益。

8.2.2　模拟复杂二次污染物

《环境空气质量标准》（GB 3095—2012）的出台，不但收严了大气中可吸入颗粒物 PM_{10} 和 NO_2 的标准限值，而且首次将细颗粒物 $PM_{2.5}$ 和臭氧 8 h 平均浓度纳入了环保管控范围。但是，目前 AERMOD、ADMS、CALPUFF 等法规模型在大气二次污染物模拟方面仍存在一定的不足，另外随着当前环保部门对于 VOCs 提出越来越严的管控和削减需求，如何定量评估 VOCs 的环境效益也成为一个难题。基于上述背景，对于部分源强复杂、影响范围大的项目可以凭借 CMAQ 较为全面的大气化学反应机制，为 O_3、$PM_{2.5}$、VOCs 等大气二次污染物的模拟评估提供技术支撑。

8.2.3　分析大气环境容量

大气环境容量是污染物总量管控的一项重要内容，反映了某一地区在空气质量达标规划或管控要求的约束下所能容纳污染物的最大值，是总量红线的重要指标。目前在一般环评项目中，通常采用的是 A-P 值法、模拟法、线性规划法。这些方法主要基于统计学原理，即通过对比最大小时、日均、年均浓度与目标值的差距来估算剩余的环境容量。但是对于真实环境来说，一方面，大气环境容量存在季节性差异（如夏季气温较高，地表湍流较强，边界层高度相对较高，因此相对于其他季节，夏季可以容纳更多的大气污染物）；另一方面，大气污染物的排放也存在一定的季节性变化（如我国北方地区由于供暖的需要，冬季大气污染物排放量明显高于其他季节）。因此，为了更加客观真实地反映区域大气环境承载能力，可利用 CMAQ 模型，在时间和空间上对环境管理目标及模拟浓度开展精确分析，从而得到更为客观的环境容量。

8.2.4　建议

8.2.4.1　建立法规化工业源排放清单

目前，我国尚未从国家层面建立一套法规化的大气污染物排放清单，这严重制约了当前空气质量管理工作的推进。因此，从环评的角度出发，需要建立一套适用于我国战略环评、规划环评的法规化污染源清单，以确保模拟的标准化和统一化。考虑到我国工业排放源清单（火电、钢铁等）受经济形势和市场波动的影响较大，不同年份的污染物排放情况存在一定差异，因此还需要定期对相关清单数据进行更新，保证源清单的时效性。

针对上述问题，作者研究团队建立了一个完整的污染物排放分析框架，包括数据质量控制、污染源分级体系、排放因子数据库、排放清单估算技术、清单时间谱、多尺度高分辨率排放源、排放数据云计算平台等，通过现场调研、数据收集等方法，积累了大量污染源排放清单原始数据集，编制了 2014—2018 年全国高分辨率火电排放清单（HPEC）、2018 年全国高分辨率钢铁排放清单（HSEC）、2000—2018 年全国机场大气排放清单（HAEC）、四川省垃圾焚烧电厂排放清单、沧州市大气排放清单等（www.ieimodel.org），开发了相关的清单系统管理软件，实现了与空气质量模型的无缝对接，为战略环评、规划环评、"三线一单"、大气科研等提供了坚实的数据基础和技术支持，为污染源精准治理、打赢蓝天保卫战提供了精细化的数据支撑。

8.2.4.2　建立法规化空气质量数值模型

环境管理部门应编制环境空气质量法规模型导则，规定 CMAQ 等模型的应用原则及标准化数据集（如中尺度气象数据、模型设置参数、下垫面参数等）。

（1）中尺度气象数据集。中尺度气象模拟数据的准确性对 CMAQ 模拟的结果影响很大，因此从科学性和技术复核的角度来看，建议相关技术评估部门在现有"中尺度气象数据在线服务系统"的基础上进行改进，一方面加强对地面观测资料的同化，提高模拟结果的准确性，另一方面可以提高模拟的空间分辨率，满足业务单位的相关技术需求。

（2）模型设置参数。为确保模拟结果的唯一性和可比性，技术评估部门需要对 CMAQ 模型相关参数的选取进行规范化和统一化，便于评估部门对模拟结果的真实性和准确性进行把控。

（3）下垫面参数。在空气质量模型中，下垫面参数直接影响着近地面气象要素，特别是风场的分布。2015 年，环境保护部环境工程评估中心已发布了适用于 AERMOD 系统的地表参数化系统（www.ieimodel.org），并在很多业务单位的环评工作中得到较好的应用。因此，建议下一阶段在该平台中增加针对 CMAQ 等中尺度模型的下垫面参数服务。

8.3　WRF-CMAQ 模型在线服务系统

作者研究团队利用现有环保大数据资源，已开发了一套区域空气质量模拟分析工具（WRF-CMAQ），以满足复杂大气化学和输送过程的模拟需求。同时根据业务及管理的需求，优化相关的系统操作和设置，增加污染物浓度空间分布及变化序列的可视化功能，并能实现对自定义大气污染清单影响的定量评估。

涉及的建设内容主要包括大气污染源排放清单数据、全国背景排放清单的处理，模拟系统和可视化展示模块的建设，最终需要确保业务系统正常稳定地运行。建设内容见图 8-5。

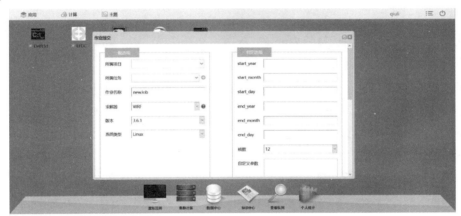

图 8-5　模型调用

（1）建立 CMAQ 区域空气质量模拟模块，实现对硫酸盐、硝酸盐、臭氧等二次污染物的模拟。

（2）建立火电行业等污染源清单的影响评估模块，实现污染源清单的动态模拟。

（3）建立空气质量模拟的可视化评估分析模块，实现污染场的空间展示、站点浓度序列提取、模拟结果评估。

第 9 章
CMAQ 在"三线一单"中的应用研究

本章以海口市为例，介绍了 CMAQ 模型在海口市"三线一单"中的应用情况，本章的海口案例为虚拟案例，源排放情况等均为假设参数。

9.1 区域传输环境影响分析

利用 HYSPLIT（Hybrid Single Particle Lagrangian Integrated Trajectory，拉格朗日混合单粒子轨道）模型计算了海口 2017 年 1 月、4 月、7 月、10 月的气团后向轨迹，对这些轨迹进行统计分析，研究海口大气输送特征。轨迹计算需要起始时间、起始地点经纬度和高度，以及轨迹的后推时间。本书计算了 2017 年 1 月、4 月、7 月、10 月每天的后向轨迹，轨迹对应的时间是每天 0 点和 12 点。起始地点为海口（经纬度坐标选择 20.005 3°N、110.283 2°E），高度为 500 m，轨迹后推 72 h。进一步运用聚类方法来分析抵达受体点的气团的具体输送路径。对所有轨迹进行聚类，由于后推 72 h，故每条轨迹含有 73 个位置坐标（包含起始坐标），以这 73 个位置坐标为变量进行聚类分析。

2017 年 1 月海口主要受到东北部气团传输影响，少量气团在由内陆转至海上。东北部气团影响次数最多，主要来自沿海，气团较为清洁。对 2017 年 1 月气团进行聚类分析，结果表明：尽管方向有所偏差，1 月整体受到来自东北部气团影响。2017 年 4 月海口主要受到东北部、西南部、东南部和偏东部气团传输影响，均来自海上或沿海区域，气团较为清洁。2017 年 4 月有 4 个来向气团，分别为东北部中长距离、西南部中长距离、东南部短距离及偏东部短距离，对应的占比分别为 36.67%、16.67%、23.33% 及 23.33%。2017 年 7 月海口主要受西南部和东南部气团传输的影响。从 2017 年 7 月的聚类分析结果来看：气团主要来自海上，部分从沿海区域转至海上，气团相对较为清洁，污染物浓度不易上升。2017 年 10 月海口气团来向情况与 1 月类似，偏东北部气团较多，部分来自东部海上。2017 年 10 月有 4 个来向气团，分别为东北部中长距离、偏东部中长距离、偏东部长距离及东北部长距离，对应的占比分别为 16.13%、16.13%、9.68% 及 58.06%。

9.2　大气污染物允许排放量测算

9.2.1　大气污染源清单及来源解析

（1）重点企业污染排放清单

收集环境统计排放数据，利用海口市环境统计数据作为基础，核实工业企业污染物排放量，确定工业污染物排放清单，并作为分析和模型模拟的数据输入。

（2）全口径污染排放清单

利用现有的海口市大气污染源排放清单及污染源调查等研究成果，结合 MEIC 排放清单，建立了包括农业面源、移动源、生活源等全口径大气污染源排放清单。

（3）现状污染源排放量

根据数据收集、统计，现状海口市污染物排放情况见表 9-1。

表 9-1　现状海口市污染物排放情况　　　　　　　　　　单位：t/a

污染物	SO$_2$	NO$_2$	烟尘	VOCs
排放量	2 539.8	9 813.0	2 238.4	1 907.5

9.2.2　大气环境质量改善潜力评估

基于大气污染源排放清单，考虑经济社会发展、产业结构调整、污染控制水平、环境管理水平等因素，以环境质量目标为约束，构建不同措施组合的控制情景，利用 CMAQ 等空气质量模型模拟计算各情景下主要污染物浓度空间分布，分析测算存量污染源减排潜力和新增污染源排放量，分析不同区域分阶段空气质量改善潜力。

（1）污染源减排潜力评估

存量污染源减排潜力评估，应在对大气污染源排放特征、各重点工业行业、重点污染源的治理现状、管理水平、排放绩效等深入分析的基础上，结合国家主要污染物总量减排核算细则，测算出各重点工业行业以及各重点污染源的大气污染物减排潜力。

（2）新增源排放量测算

根据海口市国民经济发展规划、能源规划、产业规划及有关政策等，以预测的生产总值、能源消费量、煤炭消费量、机动车保有量及主要工业产品产量等社会经济发展参数作为大气污染物排放量预测的基础。基于社会经济与能源发展预测结果，结合国家、海南省和海口市有关法规、政策及标准对新建污染源、现役污染源的污染治理要求，预测目标年

份主要污染源 SO_2、NO_x、$PM_{2.5}$ 及 VOCs 等的新增排放量。

9.2.3 环境容量测算

利用 WRF 进行气象条件模拟，利用空气质量模型 CMAQ 模拟测算海口市大气环境容量，结合各区排放特点以及污染源减排潜力，并预留一定安全容量，最后得出 PM_{10}、$PM_{2.5}$、NO_2、O_3、VOCs 等主要污染物的环境容量。

（1）WRF 气象模型

模拟时段：以 2017 年为基准年，模拟时段选取 1 月、4 月、7 月、10 月 4 个典型月份，分别代表冬季、春季、夏季和秋季，模拟时间间隔为 1 h。

网格设置：气象场模拟采用双层嵌套，外层网格 15 km×15 km，内层网格 3 km×3 km，垂直方向分别设置 30 层。

模拟结果与观测资料对比：挑选国家级气象站的 1 月、4 月、7 月、10 月各月 2 m 气温、10 m 风速、2 m 相对湿度、地表气压、逐小时累计降水的空间平均值，分析模拟结果的准确性，并进行适当调整。

（2）CMAQ 空气质量模型

基于 WRF-CMAQ 模型搭建适用于城市的空气质量模拟系统，选择基准年的典型月份（1 月、4 月、7 月、10 月）和基准年污染源排放清单进行环境空气质量模拟和验证。

模型验证：模型验证主要包括气象场模拟结果的验证以及空气质量模型模拟结果的验证。本书利用地面气象站气象观测数据与模拟结果中对应网格气象场模拟值进行比对，验证模拟结果的可靠性；利用海口市空气质量监测数据与模拟结果中对应网格大气污染物浓度进行比对，以验证模型模拟结果的可靠性。

（3）现状年空气质量模拟

基于 WRF-CMAQ 空气质量模拟系统，选取 2017 年 1 月、4 月、7 月、10 月 4 个月份分别代表一年四季进行模拟，并通过对 4 个月的模拟结果取平均值，得到海口市全年 $PM_{2.5}$ 及关键组分年均浓度。

CMAQ 模型所需排放清单的化学物种主要包括 SO_2、NO_x、$PM_{2.5}$、NH_3 和 VOCs（含多种化学组分）等多种污染物。

（4）环境容量测算

2017 年为基准年，开展基准年全省空气质量模拟预测，分析 $PM_{2.5}$ 年均浓度能否达到设定空气质量目标，对于不能够满足目标的，对区域排放量再进行调整，直到满足目标为止。

对于基准年基准情景 $PM_{2.5}$ 年均浓度已达分阶段环境质量目标的城市，基于空气质量反退化原则，设定其环境容量即为现状排放量；对于基准年基准情景未达分阶段环境质量目标的城市，应制订削减方案，利用空气质量模型迭代计算，直至城市的国控站点 $PM_{2.5}$ 年均浓度达到分阶段环境质量目标要求。

通过调整各区不同区域以及不同污染源的排放减排量或新增量进行迭代模拟，直至海口市各国控站点 $PM_{2.5}$ 年均浓度达到阶段改善目标，在此情景下，即得到在 $PM_{2.5}$ 质量目标约束下 SO_2、NO_x、$PM_{2.5}$、VOCs 排放量，即为全市或重点管控区域的大气环境容量。

利用 CMAQ 模拟估算全市环境容量的具体迭代算法如下：①基准情景大气主要浓度模拟：利用 CMAQ 模拟出 2017 年 4 个季节 $PM_{2.5}$ 的平均浓度；②给定 $PM_{2.5}$ 污染物分阶段改善目标限值；③排放源的重置：计算分阶段改善目标限值与各季节模拟浓度的比值 k，基于污染物浓度与排放量呈线性关系的假定，将排放源强度改为原来的 k 倍，即重置排放源；④数值模型迭代：使用重置的排放源，再次利用 CMAQ 模拟计算各季节各污染物平均浓度，再进行过程③，重复以上步骤，直至污染物均接近限值，便可得到各季节分阶段的大气环境容量，各季节大气环境容量之和即为该阶段大气环境容量，通过模型测算得到的主要污染物大气环境容量见表 9-2、年均浓度见图 9-1。

表 9-2　海口市主要污染物大气环境容量　　　　　　　　　　　单位：t/a

年份	$PM_{2.5}$	NO_x	SO_2	VOCs
2020	2 539.8	9 813.0	2 238.4	1 907.5
2025	2 133.4	8 537.3	1 969.8	1 640.5
2035	1 408.1	5 293.1	1 378.9	1 082.7

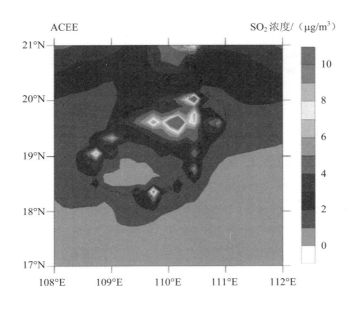

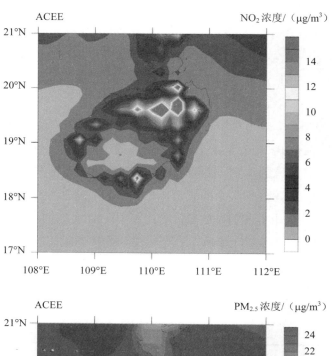

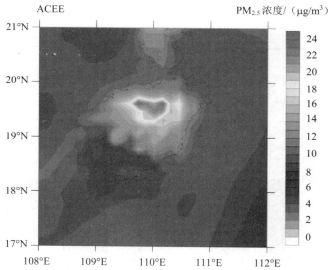

图 9-1　2017 年海南岛 SO$_2$、NO$_2$、PM$_{2.5}$ 年均浓度（CMAQ）

第 10 章
CAMx 在重点煤电基地大气污染物影响中的应用研究

随着我国东部地区经济的快速发展,区域能源需求量逐年增加,但近几年京津冀及周边地区大气环境质量的恶化,凸显出东部地区环境空气质量与能源需求之间的矛盾。为改善东部重点地区大气污染现状,国家确定了锡林郭勒、鄂尔多斯、宁东等 9 个以电力外送为主的千万千瓦级清洁高效大型煤电基地建设。其中,鄂尔多斯、宁东与锡林郭勒借助煤炭资源与政策优势,发展成为我国重要能源基地。

针对鄂尔多斯、宁东与锡林郭勒能源基地的建设,地方开展了战略规划环评、项目环评以及环境容量研究等,分析基地建成后当地环境质量的变化情况,提出了相对合理的发展规划。根据生态环境部环境工程评估中心数据平台对批复环境影响报告书的统计,2016—2018 年鄂尔多斯、宁东与锡林郭勒批复了较多的能源及化工项目,超过周边同类煤电能源基地。由于京津冀地区政治地位的特殊性,近年来的雾霾天气受到各方关注,目前针对该区域的大气环境污染分析研究较多。研究发现京津冀本地污染是产生雾霾的主因,本地污染贡献率可达 56%~72%。已有部分学者采用 CMAQ 对京津冀本地源排放 $PM_{2.5}$ 进行了模拟,发现工业源贡献最大,其次是民用源与交通源,工业源贡献最大的为钢铁冶金行业,这与部分城市 $PM_{2.5}$ 等污染源解析研究的结果一致;通过统计、源解析与模型模拟等方法,研究发现民用源与交通源也是京津冀污染物的主要来源。除对本地污染源大气环境贡献开展研究外,黄蕊珠等(2015)通过 NAQPMS 模型进行污染源传输追踪,发现高空层 $PM_{2.5}$ 以山东、河南等地区外来源为主。周磊(2016)通过统计污染物监测数据,验证了 $PM_{2.5}$ 污染呈河南省(山东省)—河北省—北京市(天津市)的带状分布特征。王晓琦、王燕丽等采用 WRF-CAMx 耦合模型得出京津冀区域 $PM_{2.5}$ 外来源年均贡献占 13.32%~45.02%。

上述研究主要是分析京津冀本地污染源对 $PM_{2.5}$ 的贡献,以及周边省份污染源传输机理及占比,但均未分析内蒙古与宁夏等能源丰富省份的现状污染源,以及煤电基地确定后新建工业源对京津冀地区大气环境的影响。因此,开展这些地区污染排放对京津冀城市的大气贡献影响研究十分必要。

为了解决上述问题,本书基于现有的鄂尔多斯、宁东与锡林郭勒排放清单数据,利用

CAMx 定量评估现状情景下三地区排放 $PM_{2.5}$、SO_2、NO_x 对京津冀城市环境空气浓度的贡献，详细说明三地区污染物扩散对京津冀城市的影响，并通过搜集三地区已批复的环境影响评价报告，估算未来情景下能源基地工业源排放污染物对京津冀城市环境空气浓度的贡献，从而为下一步提出城市大气污染防治综合解决方案和区域协调发展提供科学技术支撑。

10.1　研究方法

10.1.1　源排放

本书根据清华大学 2012 年全国污染源排放清单（MEIC2012）、各地环境统计数据与实际观测结果，更新生成鄂尔多斯、宁东与锡林郭勒 2016 年的污染源排放清单。

为充分考虑未来情景下鄂尔多斯、宁东与锡林郭勒能源基地的污染物排放，在考虑现有工业源的前提下，搜集了三地区 2015 年 5 月—2018 年 5 月审批的能源及相关项目环境影响报告、内蒙古锡林郭勒盟煤电基地开发规划环境影响报告与鄂尔多斯市绿色转型发展战略环境评价技术报告。鄂尔多斯境内审批能源及相关项目环境影响报告约 90 本、宁东境内审批报告 15 本、锡林郭勒审批报告 77 本，结合当地规划环评与战略环评，确定未来情景下三地区能源基地污染物排放情况（见表 10-1）。

表 10-1　三地区现状污染排放清单量与未来能源基地污染物排放量　　　　单位：万 t/a

地区	SO_2			NO_x			$PM_{2.5}$		
	现状清单量	未来能源基地	占比/%	现状清单量	未来能源基地	占比/%	现状清单量	未来能源基地	占比/%
鄂尔多斯	76.48	20.53	26.84	35.64	24.13	67.70	16.62	7.46	44.89
宁东	9.47	2.21	23.34	3.35	2.20	65.67	1.74	0.46	26.44
锡林郭勒	11.13	3.27	29.38	5.50	6.63	120.55	2.92	3.36	115.07

由表 10-1 可知，随着政策的推进，鄂尔多斯、宁东与锡林郭勒污染物将主要来自能源基地工业源。在假定其他清单源排放不变的前提下，未来能源基地污染物排放量至少占现状污染排放清单量的 20%，尤其是锡林郭勒未来能源基地排放的 NO_x 与 $PM_{2.5}$，将大于现有整个区域清单源的污染物量，所以未来能源基地将成为区域环境影响的主要来源。

10.1.2　CAMx 模拟模型

本书采用空气质量模型 CAMx 对锡林郭勒、鄂尔多斯和宁东的大气污染源进行模拟，并分析 3 个地区对京津冀地区大气污染物的贡献。CAMx 模拟的区域为东经 57°—161°、北纬 1°—59°，涵盖了全国所有省份。模拟网格水平分辨率为 36 km×36 km，网格数为 200×160，垂直层次 20 层，顶高约为 15 km。模拟中使用的气象参数由中尺度气象模型 WRF 模拟提供；气相化学机理选用 SAPRC99，气溶胶化学机理采用统计粗细粒子模型（见表 10-2）。化学机理中包含化学物种 111 个（76 个气态物种、22 个气溶胶物种、13 个基团）以及 217 个反应。模式中所使用的光解速率是通过 OMI 卫星观测的臭氧柱浓度资料，结合地面反照率变化范围和大气浑浊度的变化范围，由 TUV 模式计算得到。本书利用 CAMx 模型嵌入的颗粒物来源示踪技术（PSAT），追踪鄂尔多斯、宁东与锡林郭勒能源基地的污染物排放对京津冀 13 个市 NO_x、SO_2 和 $PM_{2.5}$ 的浓度贡献。本次模拟时段选定为 2016 年 1 月和 7 月，分别作为冬季和夏季的典型时段。

表 10-2　CAMx 模拟选项

气相化学机理	SPRAC99
液相化学机理	RADM-AQ
气溶胶模块	CF Scheme
气溶胶热力学平衡模式	ISORROPIA
干沉降参数化方案	WESELY89
水平平流方案	PPM
垂直扩散方案	标准 K 理论

　　本书 CAMx 模拟系统已在东亚区域空气污染物长距离传输模拟以及京津冀重污染成因分析等多个研究中应用，其间进行了详细的模拟验证和效果评估，表明该系统能够较好地再现区域污染的状态特征。

10.2　结果与讨论

10.2.1　现状情景下三地区污染物扩散影响分析

　　表 10-3 为现状情景下鄂尔多斯排放主要污染物对京津冀各城市环境空气的浓度贡献情况（现状情景下污染物分布图，可见论文《重点煤电基地大气污染物扩散对京津冀的影响》），鄂尔多斯影响范围集中在鄂尔多斯本地、山西、陕西、宁夏和京津冀北部，影响较大的京津冀城市为石家庄市、邢台市、邯郸市与保定市，主要影响区域为河北省的西南部。鄂尔多斯排放 $PM_{2.5}$ 的影响范围和对京津冀地区的贡献浓度均要大于 NO_x 和 SO_2，冬季对京津冀地区的影响要高于夏季。鄂尔多斯排放的 $PM_{2.5}$、SO_2 与 NO_x 对京津冀城市最大贡

献浓度分别为 0.964 μg/m³、0.579 μg/m³ 与 0.659 μg/m³，全部出现在冬季石家庄市。鄂尔多斯排放的 PM$_{2.5}$、SO$_2$ 与 NO$_x$ 对北京的影响位于京津冀城市的第 7 位，最大贡献浓度分别为 0.420 μg/m³、0.192 μg/m³ 与 0.254 μg/m³，全部出现在冬季。

表 10-3   现状情景下鄂尔多斯排放大气污染物对京津冀各城市的浓度贡献   单位：μg/m³

城市	PM$_{2.5}$冬季平均贡献	PM$_{2.5}$夏季平均贡献	SO$_2$冬季平均贡献	SO$_2$夏季平均贡献	NO$_x$冬季平均贡献	NO$_x$夏季平均贡献
北京市	0.420	0.340	0.192	0.065	0.254	0.013
天津市	0.209	0.125	0.077	0.013	0.103	0.004
石家庄市	0.964	0.359	0.579	0.065	0.659	0.026
唐山市	0.107	0.092	0.035	0.010	0.041	0.002
秦皇岛市	0.040	0.054	0.013	0.005	0.010	0.001
邯郸市	0.781	0.236	0.376	0.036	0.390	0.017
邢台市	0.799	0.269	0.428	0.042	0.443	0.018
保定市	0.729	0.341	0.320	0.054	0.398	0.016
张家口市	0.096	0.242	0.031	0.047	0.034	0.004
承德市	0.315	0.147	0.103	0.013	0.118	0.005
沧州市	0.304	0.217	0.127	0.029	0.162	0.007
廊坊市	0.578	0.193	0.243	0.022	0.258	0.010
衡水市	0.737	0.531	0.370	0.233	0.556	0.055
城市最高	0.964	0.531	0.579	0.233	0.659	0.055

表 10-4 为现状情景下宁东排放主要污染物对各城市环境空气的浓度贡献情况（现状情景下污染物分布图，可见论文《重点煤电基地大气污染物扩散对京津冀的影响》），受排放强度、地理位置和气象条件的影响，宁东污染物排放的影响范围主要集中在宁东本地、陕西、甘肃、内蒙古西部，而对京津冀的影响不显著。宁东排放 PM$_{2.5}$ 的影响范围和对京津冀地区的贡献浓度均要大于 SO$_2$ 和 NO$_x$。宁东排放的 PM$_{2.5}$ 对京津冀地区夏季的影响高于冬季，对京津冀城市最大贡献浓度出现在夏季的石家庄市，为 0.078 μg/m³；宁东排放的 SO$_2$ 和 NO$_x$ 对京津冀地区冬季的影响高于夏季，对京津冀城市最大贡献浓度出现在冬季邯郸市，贡献浓度分别为 0.023 μg/m³ 与 0.017 μg/m³。宁东对北京 PM$_{2.5}$ 与 SO$_2$ 最大贡献浓度分别为 0.044 μg/m 与 0.004 μg/m³，出现在夏季，NO$_x$ 最大贡献浓度为 0.001 μg/m³，出现在冬季。

表 10-4　现状情景下宁东排放大气污染物对京津冀各城市的浓度贡献　　单位：μg/m³

城市	PM₂.₅冬季平均贡献	PM₂.₅夏季平均贡献	SO₂冬季平均贡献	SO₂夏季平均贡献	NOₓ冬季平均贡献	NOₓ夏季平均贡献
北京市	0.007	0.044	0.002	0.004	0.001	0.000
天津市	0.003	0.018	0.001	0.001	0.000	0.000
石家庄市	0.032	0.078	0.015	0.009	0.011	0.001
唐山市	0.002	0.011	0.001	0.001	0.000	0.000
秦皇岛市	0.001	0.005	0.000	0.000	0.000	0.000
邯郸市	0.052	0.058	0.023	0.005	0.017	0.001
邢台市	0.046	0.064	0.022	0.006	0.015	0.001
保定市	0.012	0.061	0.004	0.006	0.002	0.000
张家口市	0.002	0.023	0.001	0.002	0.000	0.000
承德市	0.006	0.026	0.001	0.002	0.001	0.000
沧州市	0.004	0.033	0.001	0.003	0.000	0.000
廊坊市	0.012	0.039	0.004	0.003	0.002	0.000
衡水市	0.017	0.051	0.006	0.009	0.004	0.001
城市最高	0.052	0.078	0.023	0.009	0.017	0.001

表 10-5 为现状情景下锡林郭勒排放主要污染物对各城市环境空气的浓度贡献情况（现状情景下污染物分布图，可见论文《重点煤电基地大气污染物扩散对京津冀的影响》），锡林郭勒影响范围集中在锡林郭勒本地、京津冀北部、辽宁西部和山东地区，影响较大的京津冀城市为张家口市、衡水市、北京市与唐山市，影响范围分布较为分散。锡林郭勒排放 PM₂.₅ 的影响范围和对京津冀地区的贡献浓度均要大于 NOₓ 和 SO₂，冬季对京津冀地区的影响要高于夏季。锡林郭勒排放的 PM₂.₅、SO₂ 与 NOₓ 对京津冀城市最大贡献浓度分别为 0.423 μg/m³、0.354 μg/m³ 与 0.388 μg/m³，全部出现在冬季张家口市。锡林郭勒排放的 PM₂.₅、SO₂ 与 NOₓ 对北京影响较显著，最大贡献浓度分别为 0.273 μg/m³、0.144 μg/m³ 与 0.163 μg/m³，全部出现在冬季。

表 10-5　现状情景下锡林郭勒排放大气污染物对京津冀各城市的浓度贡献　　单位：μg/m³

城市	PM₂.₅冬季平均贡献	PM₂.₅夏季平均贡献	SO₂冬季平均贡献	SO₂夏季平均贡献	NOₓ冬季平均贡献	NOₓ夏季平均贡献
北京市	0.273	0.039	0.144	0.016	0.163	0.011
天津市	0.226	0.021	0.106	0.006	0.145	0.006
石家庄市	0.121	0.021	0.038	0.005	0.044	0.003
唐山市	0.273	0.024	0.145	0.007	0.205	0.008
秦皇岛市	0.237	0.020	0.127	0.006	0.211	0.008
邯郸市	0.119	0.016	0.032	0.004	0.037	0.002

城市	$PM_{2.5}$ 冬季平均贡献	$PM_{2.5}$ 夏季平均贡献	SO_2 冬季平均贡献	SO_2 夏季平均贡献	NO_x 冬季平均贡献	NO_x 夏季平均贡献
邢台市	0.114	0.017	0.033	0.004	0.036	0.002
保定市	0.197	0.027	0.071	0.008	0.083	0.005
张家口市	0.423	0.045	0.354	0.024	0.388	0.018
承德市	0.180	0.018	0.072	0.004	0.089	0.004
沧州市	0.255	0.028	0.128	0.009	0.151	0.008
廊坊市	0.155	0.018	0.051	0.004	0.055	0.003
衡水市	0.380	0.069	0.257	0.046	0.292	0.028
城市最高	0.423	0.069	0.354	0.046	0.388	0.028

根据三地区污染物扩散范围分析，锡林郭勒域内污染源对京津冀城市有所影响，鄂尔多斯次之，宁东对京津冀的影响不显著，这跟三个地区与京津冀位置关系和气象条件密切相关；对比冬季与夏季三地区对京津冀的影响分析，影响较大的锡林郭勒与鄂尔多斯冬季的 $PM_{2.5}$、SO_2 与 NO_x 贡献浓度普遍高于夏季，这与北方冬季以西北风为主的气象条件有关。从对京津冀城市的贡献浓度分析，鄂尔多斯因污染物排放量较大，对京津冀城市的最大贡献浓度值高于锡林郭勒，其中贡献最大的石家庄市较张家口市冬季 $PM_{2.5}$、SO_2 与 NO_x 分别高 0.541 μg/m³、0.225 μg/m³ 与 0.271 μg/m³；对北京的浓度贡献值也是鄂尔多斯高于锡林郭勒，冬季 $PM_{2.5}$、SO_2 与 NO_x 分别高 0.147 μg/m³、0.048 μg/m³ 与 0.091 μg/m³，所以现状情景下，鄂尔多斯污染物排放对京津冀城市的影响最大。

表 10-6 为现状情景下三地区排放主要污染物对京津冀城市环境空气浓度贡献情况，$PM_{2.5}$、SO_2 与 NO_x 对京津冀的贡献浓度分别为 0.079～1.134 μg/m³、0.012～0.633 μg/m³ 与 0.008～0.852 μg/m³，冬季对京津冀地区的平均贡献浓度为 0.710 μg/m³、0.349 μg/m³ 与 0.413 μg/m³，影响较大的京津冀城市为衡水市、石家庄市、邢台市、邯郸市与保定市，与高愈霄等对 2013 年、2014 年出现重污染天气的统计结果一致。三地区冬季排放的 $PM_{2.5}$ 对衡水市与石家庄市浓度贡献都超过了 1 μg/m³，其中对衡水市的贡献影响最大，$PM_{2.5}$、SO_2 与 NO_x 浓度贡献分别为 1.134 μg/m³、0.633 μg/m³ 与 0.852 μg/m³，这与王燕丽等研究的区外污染源贡献最大为衡水市的结果一致。三地区冬季污染物排放对北京市的贡献浓度分别为 0.700 μg/m³、0.338 μg/m³ 与 0.417 μg/m³。

从浓度贡献占比分析，三地区排放 $PM_{2.5}$ 对京津冀的贡献占比大于 SO_2 与 NO_x，最大浓度贡献占比都出现在冬季的衡水市，分别为 3.677%、2.269% 与 1.087%，这与已有研究的硫酸盐、硝酸盐等二次组分多富集在较小粒径颗粒物中，有利于远距离的传输，且一次排放出的气态前体物 SO_2、NO_x 也会在传输过程中发生二次转化反应，加大远距离传输的贡献结果一致。除此外，三地区排放大气污染物对石家庄市、保定市、邢台市与邯郸市的影响较显著，这与浓度贡献值的结果较一致。三地区冬季污染物 $PM_{2.5}$、SO_2 与 NO_x 排放对北京市的浓度贡献占比分别为 2.271%、1.211% 与 0.532%。京津冀地区是我国大气污染防治的主战场，1 μg/m³ 的贡献变化可能影响京津冀一个城市的考核结果，所以鄂尔多斯、宁东、锡林郭勒地区污染物扩散对京津冀城市的大气环境的贡献影响不能忽视。

表 10-6　现状情景下三地区排放大气污染物对京津冀各城市的浓度贡献与占比

| 城市 | 浓度平均贡献值/（μg/m³） | | | | | | 浓度贡献占比/% | | | | | |
	PM2.5 冬季	PM2.5 夏季	SO2 冬季	SO2 夏季	NOx 冬季	NOx 夏季	PM2.5 冬季	PM2.5 夏季	SO2 冬季	SO2 夏季	NOx 冬季	NOx 夏季
北京市	0.700	0.423	0.338	0.085	0.417	0.024	2.271	0.911	1.211	0.269	0.532	0.052
天津市	0.437	0.163	0.184	0.020	0.248	0.010	1.418	0.352	0.659	0.062	0.316	0.023
石家庄市	1.116	0.458	0.632	0.079	0.713	0.030	3.620	0.987	2.265	0.248	0.910	0.067
唐山市	0.382	0.128	0.181	0.017	0.246	0.010	1.239	0.275	0.647	0.055	0.314	0.022
秦皇岛市	0.277	0.079	0.140	0.012	0.221	0.008	0.899	0.000	0.502	0.037	0.282	0.019
邯郸市	0.952	0.310	0.431	0.045	0.443	0.020	3.086	0.668	1.544	0.141	0.565	0.044
邢台市	0.960	0.350	0.482	0.052	0.494	0.021	3.113	0.755	1.729	0.165	0.631	0.046
保定市	0.938	0.429	0.395	0.068	0.482	0.022	3.043	0.923	1.414	0.213	0.615	0.049
张家口市	0.520	0.310	0.386	0.073	0.422	0.022	1.687	0.668	1.384	0.230	0.538	0.050
承德市	0.501	0.192	0.176	0.019	0.207	0.008	1.624	0.413	0.632	0.058	0.264	0.019
沧州市	0.563	0.279	0.257	0.041	0.314	0.015	1.825	0.600	0.920	0.127	0.401	0.033
廊坊市	0.744	0.250	0.297	0.028	0.315	0.013	2.414	0.538	1.064	0.090	0.402	0.028
衡水市	1.134	0.651	0.633	0.288	0.852	0.084	3.677	1.401	2.269	0.906	1.087	0.186
城市最高	1.134	0.651	0.633	0.288	0.852	0.084	3.677	1.401	2.269	0.906	1.087	0.186

注："浓度贡献占比"指三地区浓度贡献占总模拟贡献的比例。

10.2.2　未来情景下三地区能源基地工业污染物扩散对京津冀城市的影响

本书通过搜集批复的环境影响报告获得能源基地污染物排放数据，对未来地区工业源排污情况描述较准确。表 10-7 为未来情景下三地区能源基地排放主要污染物对京津冀城市的影响，其中冬季的影响要大于夏季，PM2.5 对京津冀城市贡献浓度均大于 NOx 和 SO2。三地区能源基地排放的 PM2.5、SO2 与 NOx 对京津冀城市浓度贡献分别为 0.049～0.773 μg/m³、0.003～0.176 μg/m³ 与 0.008～0.731 μg/m³，冬季平均贡献浓度值分别为 0.475 μg/m³、0.096 μg/m³ 与 0.357 μg/m³。能源基地工业污染物排放影响较大的京津冀城市为衡水市、石家庄市，PM2.5、SO2 与 NOx 冬季平均贡献浓度值分别为 0.773 μg/m³、0.176 μg/m³、0.731 μg/m³ 和 0.580 μg/m³、0.170 μg/m³、0.506 μg/m³，对北京的贡献浓度为 0.505 μg/m³、0.094 μg/m³、0.368 μg/m³。

对比现状情景下浓度贡献值可知，未来能源基地的污染物排放将成为鄂尔多斯、宁东与锡林郭勒影响京津冀城市大气质量的主要来源。以北京为例，在假定现有情景其他排放源不变的前提下,能源基地排放的 $PM_{2.5}$ 与 NO_x 占三地区排放对北京地区影响的 50%以上,这与能源基地重点发展能源化工与煤电行业,多以高架点源排放以及燃煤行业污染物排放特点有关。从数值上看,未来情景下三地区能源基地排放的 $PM_{2.5}$ 对京津冀城市影响有限,但在京津冀城市大气污染治理迈向精细化的进程中,在严格落实当地环保措施的前提下,需充分考虑污染源跨区域对本地环境的贡献影响,推出区域大气污染联防联控制度,保证打赢蓝天保卫战。

表 10-7　未来情景下三地区排放大气污染物对京津冀各城市的浓度贡献　　　　单位：$\mu g/m^3$

城市	$PM_{2.5}$ 冬季平均贡献	$PM_{2.5}$ 夏季平均贡献	SO_2 冬季平均贡献	SO_2 夏季平均贡献	NO_x 冬季平均贡献	NO_x 夏季平均贡献
北京市	0.505	0.209	0.094	0.025	0.368	0.022
天津市	0.354	0.084	0.052	0.006	0.244	0.010
石家庄市	0.580	0.205	0.170	0.025	0.506	0.022
唐山市	0.364	0.072	0.052	0.005	0.275	0.011
秦皇岛市	0.291	0.049	0.041	0.003	0.261	0.010
邯郸市	0.501	0.139	0.116	0.014	0.319	0.015
邢台市	0.502	0.157	0.130	0.017	0.354	0.015
保定市	0.557	0.199	0.108	0.021	0.370	0.018
张家口市	0.530	0.167	0.113	0.021	0.490	0.025
承德市	0.350	0.094	0.049	0.006	0.187	0.008
沧州市	0.431	0.139	0.072	0.012	0.293	0.014
廊坊市	0.441	0.118	0.081	0.009	0.242	0.010
衡水市	0.773	0.330	0.176	0.082	0.731	0.071
城市最高	0.773	0.330	0.176	0.082	0.731	0.071

10.2.3　不确定性分析

本书引用的未来能源基地污染物排放资料为三地区环境影响报告、规划环评与战略环评中数据,这与地区未来的实际发展存在一定的不确定性。

未来情景下三地区能源基地对京津冀城市大气环境的影响,是基于 2016 年冬夏两季气象条件进行估算,由于模拟使用气象条件存在不确定性,会对模拟结果产生一定误差。

10.3　结论

根据现状情景下三地区污染物扩散范围,锡林郭勒域内大气污染源对京津冀城市影响最为显著,鄂尔多斯次之,宁东对京津冀的影响不显著。锡林郭勒与鄂尔多斯污染物扩散主要影响城市分别为张家口市与石家庄市,三地区污染物贡献叠加主要影响城市为衡水市。

现状情景下三地区排放 $PM_{2.5}$、SO_2 与 NO_x 对京津冀贡献浓度分别为 $0.079 \sim 1.134 \ \mu g/m^3$、$0.012 \sim 0.633 \ \mu g/m^3$ 与 $0.008 \sim 0.852 \ \mu g/m^3$，影响较大的京津冀城市为衡水市、石家庄市、邢台市、邯郸市与保定市。

未来情景下能源基地排放 $PM_{2.5}$、SO_2 与 NO_x 对京津冀冬季平均贡献浓度值分别为 $0.475 \ \mu g/m^3$、$0.096 \ \mu g/m^3$ 与 $0.357 \ \mu g/m^3$。从数值上看，三地区能源基地对京津冀城市影响有限，但京津冀各城市已对环境空气质量展开微克争夺战，所以跨区域污染源对京津冀城市的大气环境影响不能忽视。

第 11 章
CAMx 在全国机场大气污染物影响中的应用研究

过去 10 年，我国航空运输业增长迅速，2016 年我国三大机场（北京首都国际机场、上海浦东国际机场、香港国际机场）吞吐量全球排名前十。根据中国民航"十三五"发展规划，2020 年我国航空客运与货运规模预计将达到 77.2 亿人次、850 万 t。飞机在起飞着陆（LTO）阶段会产生大量 NO_x、SO_2、CO、$PM_{2.5}$、VOCs 等污染物，能源消耗和废气排放量惊人。

据国外媒体报道，一架大型飞机起降废气排放相当于 600 辆出租车排放量；一些研究结果显示，大型机场周边 NO_x 污染物浓度明显高于城市平均浓度。目前，我国机场环境污染研究主要关注飞机起降噪声，尚未有研究分析全国各城市机场对大气污染贡献率情况。

本书根据《非道路移动源大气污染物排放清单编制技术指南（试行）》技术要求，编制了全国 217 家机场 2000—2016 年大气污染物排放清单（不含港澳台地区），采用中尺度气象模型 WRF、区域大气扩散模型 CAMx，定量分析了 2016 年全国机场对大气污染贡献情况；根据中国民航"十三五"发展规划，预测了 2020 年全国机场大气污染物排放量，定量分析了 2020 年全国机场对大气污染贡献情况，从而为我国大气排放清单、大气源解析等提供科学技术支撑。

11.1 全国机场大气污染物排放量分析

2016 年全国排放量前 20 的机场排放清单见表 11-1。全国机场 2000—2016 年污染物排放量及增长率见图 11-1。

2000—2016 年，我国机场大气污染物 NO_x、VOCs、SO_2 和 PM_{10} 年排放量始终保持增长状态，其中 NO_x 由 2000 年的 14 211 t 持续增加到 2016 年的 75 246 t。污染物排放量增长速率则基本维持下降趋势，可见中国民航在节能减排方面所做工作取得了一定效果。但 2003—2004 年、2008—2009 年有较大的反弹，究其原因与 2003 年发生的 SARS 和 2008 年的经济危机有关。

表 11-1　2016 年全国排放量前 20 的机场排放清单　　　　单位：t/a

机场名称	PM_{10}	NO_x	VOCs	SO_2
北京首都机场	164	4 937	591	418
上海浦东机场	130	3 909	468	331
广州白云机场	118	3 545	424	300
昆明长水机场	88	2 655	318	225
成都双流机场	86	2 601	311	220
深圳宝安机场	86	2 595	311	220
西安咸阳机场	79	2 370	284	201
重庆江北机场	75	2 255	270	191
上海虹桥机场	71	2 134	255	181
杭州萧山机场	68	2 045	245	173
绵阳南郊机场	51	1 548	185	131
南京禄口机场	51	1 531	183	130
厦门高崎机场	50	1 495	179	127
郑州新郑机场	48	1 450	174	123
洛阳北郊机场	48	1 439	172	122
武汉天河机场	47	1 431	171	121
青岛流亭机场	46	1 373	164	116
长沙黄花机场	45	1 368	164	116
乌鲁木齐地窝堡机场	44	1 322	158	112
天津滨海机场	39	1 171	140	99
其他机场	1 063	32 074	3 839	2 717
合计	2 497	75 248	9 006	6 374

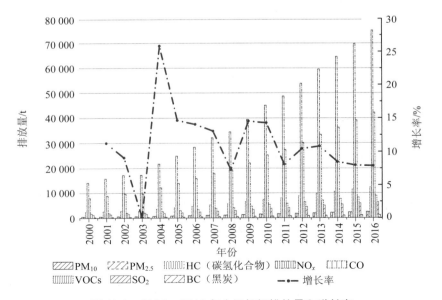

图 11-1　2000—2016 年全国机场排放量和增长率

如表 11-1 所示，机场大气污染物排放主要集中在大型机场，2016 年全国排放量前 20 的机场的 NO_x 排放量为 43 174 t，占 217 个机场 NO_x 排放总量的 57.38%。北京首都国际机场的年排放量占比最高，达到 6.56%，其次为上海浦东国际机场（5.19%）和广州白云国际机场（4.71%）。本书机场大气排放清单是指飞机起飞、降落在 1 000 m 以下的过程，高空航线排放过程不计。

11.2 2016 年全国机场大气污染物扩散影响分析

（1）2016 年机场对区域大气污染贡献分析

2016 年全国主要机场排放对区域大气污染物浓度的贡献见表 11-2。2016 年冬季，全国各机场飞机对 NO_x 贡献率为 0.03%～18.81%，平均贡献率 1.03%；SO_2 的贡献率为 0.002%～1.4%，平均贡献率 0.13%；$PM_{2.5}$ 的贡献率为 0.01%～0.49%，平均贡献率 0.13%。

以 NO_x 为例，2016 年冬季机场 NO_x 对当地大气污染贡献率前五位分别为九寨、昌都、三亚、稻城、丽江（均为旅游城市），贡献率为 10.33%～18.81%（见表 11-3）。

表 11-2　2016 年全国主要机场对区域污染物浓度贡献率　　　　单位：%

机场名称	NO_x（冬季）	NO_x（夏季）	SO_2（冬季）	SO_2（夏季）	$PM_{2.5}$（冬季）	$PM_{2.5}$（夏季）
北京首都机场	3.60	4.57	0.48	0.39	0.49	0.33
上海浦东机场	4.34	6.64	0.27	0.39	0.43	0.56
广州白云机场	7.66	6.09	0.47	0.38	0.33	0.35
成都双流机场	1.37	1.50	0.07	0.08	0.33	0.10
昆明长水机场	2.91	4.71	0.23	0.35	0.32	0.26
深圳宝安机场	1.16	0.71	0.09	0.06	0.10	0.05
上海虹桥机场	1.44	2.24	0.08	0.12	0.23	0.20
西安咸阳机场	1.00	1.52	0.04	0.06	0.16	0.07
重庆江北机场	1.40	1.50	0.04	0.04	0.22	0.12
杭州萧山机场	1.31	1.62	0.16	0.21	0.22	0.16
厦门高崎机场	1.77	2.10	0.12	0.14	0.16	0.25
南京禄口机场	2.22	3.53	0.18	0.28	0.23	0.20
长水黄花机场	1.47	0.49	0.06	0.03	0.17	0.03
武汉天河机场	0.84	1.02	0.02	0.02	0.11	0.06
郑州新郑机场	1.64	3.31	0.11	0.17	0.13	0.14
青岛流亭机场	0.85	1.19	0.04	0.05	0.11	0.09
乌鲁木齐地窝堡机场	0.30	1.01	0.02	0.06	0.06	0.07
海口美兰机场	4.26	4.76	0.26	0.48	0.23	0.29
天津滨海机场	0.59	0.75	0.05	0.06	0.12	0.06
哈尔滨太平机场	2.48	4.79	0.32	0.36	0.19	0.12

表 11-3　2016 年冬季机场 NO_x 对当地大气污染贡献率前五位

机场	贡献率/%
九寨黄龙机场	18.81
昌都邦达机场	13.66
三亚凤凰机场	12.24
稻城亚丁机场	10.47
丽江三义机场	10.33

（2）2016 年机场大气污染空间分布分析

2016 年我国机场排放大气污染物高浓度区主要集中在北方、华东、中南、西南和西北五大枢纽机场群，有着明显的空间集中特征，这也与相关区域经济发展有着密切相关（2016年全国机场大气浓度分布图，可见论文 *Aviation's emissions and contribution to the air quality in China*）。

在北方机场集群中，北京首都机场的污染物分散浓度最高（NO_x：2.86 μg/m³，SO_2：0.14 μg/m³，$PM_{2.5}$：0.17 μg/m³），其次为天津滨海机场（NO_x：0.92 μg/m³，SO_2：0.04 μg/m³，$PM_{2.5}$：0.07 μg/m³）、沈阳桃仙国际机场（NO_x：0.84 μg/m³，SO_2：0.04 μg/m³，$PM_{2.5}$：0.05 μg/m³）、哈尔滨太平国际机场（NO_x：0.81 μg/m³，SO_2：0.04 μg/m³，$PM_{2.5}$：0.07 μg/m³）和大连周水子国际机场（NO_x：0.34 μg/m³，SO_2：0.02 μg/m³，$PM_{2.5}$：0.03 μg/m³）。

在华东机场集群中，上海浦东国际机场的污染物分散浓度最高（NO_x：1.82 μg/m³，SO_2：0.11 μg/m³，$PM_{2.5}$：0.20 μg/m³），上海虹桥国际机场、杭州萧山国际机场、南京禄口国际机场、青岛流亭国际机场、厦门高崎国际机场 NO_x 分散浓度分别为 1.66 μg/m³、1.63 μg/m³、1.03 μg/m³、0.89 μg/m³、0.82 μg/m³。

在中南机场集群中，广州白云国际机场的污染物分散浓度最高（NO_x：1.91 μg/m³，SO_2：0.11 μg/m³，$PM_{2.5}$：0.12 μg/m³），武汉天河国际机场、郑州新郑国际机场、深圳宝安国际机场、南宁吴圩国际机场、长沙黄花国际机场、海口美兰国际机场 NO_x 分散浓度分别为 0.96 μg/m³、0.96 μg/m³、0.62 μg/m³、0.53 μg/m³、0.41 μg/m³、0.61 μg/m³。

在西南机场集群中，成都双流国际机场、重庆江北国际机场、昆明长水国际机场 NO_x 分散浓度分别为 1.54 μg/m³、1.63 μg/m³、1.60 μg/m³。贵阳龙洞国际机场、拉萨贡嘎国际机场 NO_x 分散浓度分别为 0.71 μg/m³、0.13 μg/m³。

西北机场集群整体分散浓度较低，西安咸阳国际机场、乌鲁木齐地窝堡国际机场 NO_x 分散浓度分别为 1.35 μg/m³、0.62 μg/m³。

11.3 2020 年机场对区域大气污染贡献分析

本书根据中国民航"十三五"发展规划，预测了 2020 年全国机场大气污染物排放量，定量分析了 2020 年全国机场对大气污染贡献情况，模拟了机场对 2020 年空气质量的影响（见表 11-4，2020 年全国机场大气浓度分布图可见论文 *Aviation's emissions and contribution to the air quality in China*）。

表 11-4 2020 年全国主要机场对区域污染物浓度贡献率　　　　单位：%

机场名称	NO_x（冬季）	NO_x（夏季）	SO_2（冬季）	SO_2（夏季）	$PM_{2.5}$（冬季）	$PM_{2.5}$（夏季）
北京首都机场	4.69	5.96	0.63	0.51	0.63	0.43
上海浦东机场	5.99	9.21	0.37	0.54	0.57	0.77
广州白云机场	9.94	7.92	0.61	0.50	0.43	0.45
成都双流机场	1.82	1.98	0.10	0.11	0.44	0.13
昆明长水机场	4.19	6.78	0.33	0.51	0.45	0.37
深圳宝安机场	1.53	0.93	0.12	0.08	0.14	0.06
上海虹桥机场	1.84	2.88	0.10	0.15	0.30	0.26
西安咸阳机场	1.45	2.21	0.06	0.08	0.22	0.09
重庆江北机场	2.03	2.18	0.05	0.05	0.31	0.17
杭州萧山机场	1.91	2.37	0.23	0.31	0.31	0.24
厦门高崎机场	2.21	2.59	0.15	0.17	0.20	0.32
南京禄口机场	3.57	5.69	0.29	0.46	0.34	0.31
长水黄花机场	1.95	0.65	0.08	0.04	0.23	0.04
武汉天河机场	1.11	1.35	0.03	0.03	0.14	0.08
郑州新郑机场	2.45	5.05	0.16	0.26	0.19	0.21
青岛流亭机场	1.23	1.73	0.06	0.08	0.15	0.13
乌鲁木齐地窝堡机场	0.42	1.39	0.03	0.08	0.09	0.10
海口美兰机场	6.58	7.42	0.39	0.75	0.33	0.45
天津滨海机场	0.95	1.27	0.08	0.10	0.17	0.10
哈尔滨太平机场	3.87	7.51	0.50	0.57	0.29	0.19

与 2016 年相比，2020 年我国机场污染物扩散浓度、贡献率有一定的提高。冬季情景下，2020 年全国机场 NO_x 平均扩散浓度（平均贡献率）从 2016 年的 0.26 μg/m³（1.03%）增加到 0.37 μg/m³（1.78%）；SO_2 平均扩散浓度（平均贡献率）从 2016 年的 0.01 μg/m³（0.13%）增加到 0.02 μg/m³（0.19%）；$PM_{2.5}$ 平均扩散浓度（平均贡献率）从 2016 年的 0.06 μg/m³（0.13%）增加到 0.08 μg/m³（0.18%）。夏季情景下，NO_x 平均扩散浓度（平均贡献率）由 0.18 μg/m³（1.49%）增加到 0.25 μg/m³（2.11%）；SO_2 平均扩散浓度（平均贡献率）由

0.01 μg/m^3（0.94%）增加到 0.02 μg/m^3（1.47%）；PM$_{2.5}$ 平均扩散浓度（平均贡献率）由 0.01 μg/m^3（0.06%）增加到 0.02 μg/m^3（0.08%）。

11.4　对策建议

目前，我国"2+26"城市等区域大气污染防治已进入深水区，而城市机场大气污染较少有控制手段。随着我国民航运输业的快速发展，机场造成的城市局地大气污染必然凸显出来。

作者团队已自下而上建立了全国高分辨率机场、火电、钢铁等大气排放清单，建议根据我国各城市大气污染特点、机场规划布局等，采用观测、模拟等手段，精确分析不同气象条件下城市机场大气污染源的扩散特征，为我国机场的规划、发展、建设等提供技术支持。

第 12 章
MMIF 操作步骤

12.1　MMIF 简介

中尺度模型接口程序（MMIF）可从中尺度气象模型（MM5、WRF）预测数据中提取和计算相关气象参数，为一些大气扩散模型（如 AERMOD、CALPUFF、SCICHEM 等）提供气象条件。MMIF 能够在 Windows 和 Unix / Linux 平台上进行编译和运行。

MMIF 最初设计参照第三代空气质量模型气象化学接口程序 MCIP 和 MM5CAMx，2008 年在 USEPA 第 8 次空气质量模型会议上提出。MM5、WRF 中尺度气象数据在 CALPUFF 模型中的应用越来越广泛，且越来越多的用户认为直接在 CALPUFF 中采用该数据可减少采用 CALMET 人为诊断处理带来的误差。因此，MMIF 1.0 版本在 2009 年发布，仅支持 CALPUFF 模型，目的是替代 CALPUFF 气象模块 CALMET 生成三维气象场数据。

2010 年，为增加对 AERMOD 和 SCICHEM 扩散模型的支持，对 MMIF 2.0 版本进行开发。对于 AERMOD 支持有 3 个选项：①MMIF 直接替代 AERMOD 气象模块 AERMET，生成可直接用于 AERMOD 模型的气象文件（SFC 和 PFL 格式）；②MMIF 输出地面数据（ONSITE 格式）和高空数据（FSL 格式），作为 AERMET 气象模块的输入；③MMIF 输出作为 AERCOARE 气象模块的输入，相对于 AERMET，AERCOARE 更适用于水上扩散。对于 SCICHEM，MMIF 输出 MEDOC 文件格式，输出包含所需的二维和三维字段。SCICHEM 还可以接受 AERMET 格式的文件（SFC 和 PFL 文件）用于近场（＜50 km）模拟。在 2011 年和 2012 年，对 MMIF 2.0 版本进行了一些功能上的优化和更新，并修复了一些错误。

2013 年，对 MMIF 的代码进行重写，以支持在一次运行中可以输出多种类型的输出，如用户可在一次运行中同时输出 CALPUFF、CALPUFFv6 和 SCICHEM 的气象文件，从而发布了 MMIF 3.0 版本。随后进行了一些功能优化更新及错误修复，目前最新版本为 3.4。

若采用 MMIF 输出 CALPUFF 气象数据格式，建议采用 3.4 版本，因为之前的版本在头文件的描述中存在一些错误，而输出 AERMOD 和 SCICHEM 气象数据则不受影响。

12.2　MMIF 对中尺度气象数据的要求

MMIF 可支持读入 MM5V3 版本、WRFV2 版本以上的中尺度气象数据。USEPA 已经允许在法规应用中采用 MMIF，但对中尺度气象模型的设置做出了如下基本要求：

（1）模拟区域需要足够大以及网格分辨率足够高，以能充分地反映污染源所在地的中尺度气象特性。例如，对于一个复杂地形的山区，最近的地面观测气象站并不一定具有代表性，在这种情况下，中尺度气象模型中需要采用较高的分辨率以能反映山谷风特性。相反地，对于地形比较平坦和中尺度气象特性相对比较均一的地区，网格分辨率可适当放宽。另外，为了减少边界效应的影响，推荐以污染源所在地作为中尺度气象模型的中心点。

（2）推荐在中尺度气象模型中采用四维同化（FDDA）选项，四维同化可将气象观测数据与再分析场数据进行融合，可大大提高中尺度气象数据模拟的准确性。作者曾利用内蒙古正蓝旗地区气象观测数据，在 WRF 中设置是否考虑四维同化等多个情景，并结合气象要素、污染物浓度等实测数据，对比了同化前后 CALPUFF 模拟结果与观测结果的相符性。结果表明，在加入同化方案后，WRF 模拟的各气象要素相关系数、吻合指数等指标均有所提高，CALPUFF 的模拟结果也更接近于观测值。

12.3　MMIF 在 AERMOD 中的应用

12.3.1　MMIF 输入控制文件

MMIF 运行通过一个输入控制文件定义输入文件、处理选项和输出文件的关键词。在 DOS 命令中输入如下命令即可运行 MMIF：

mmif 输入控制文件名

当该文件为 mmif.inp 时，直接输入 mmif 命令也可运行，若为其他名称则需输入控制文件名。

表 12-1 为 MMIF 输入控制文件中的参数说明，图 12-1 为 MMIF 运行界面。

表 12-1　MMIF 输入控制文件中的参数说明

关键词	描述	语法
Start	开始日期和时间（本地时）	YYYY MM DD HH 或 YYYYMMDDHH 或 YYYY-MM-DD-HH：mm：ss
Stop	结束日期和时间（本地时）	YYY MM DD HH 或 YYYYMMDDHH 或 YYYY-MM-DD-HH：mm：ss
Timezone	时区（西半球为负）	如北京时为 8
Grid	指定输出的子网格边界,左下角(LL)、右上角(UR)；可以指定格点号 IJ，经纬度 LL 或 LATLON，或投影坐标 KM	GRID IJ iLL jLL iUR JUR 或 GRID LL LatLL LongLL LatUR LatRR 或 GRID KM xLL yLL xUR yUR
Point	输出点位,可输出格点号（IJ），或经纬度（LL 或 LatLon），或投影坐标（KM），可以在后面设置时区，可以设置多个点位	Point IJ I J [Timezone]或 Point LL Lat Lon[Timezone] 或 Point KM X Y [Timezone]
Layers	输出垂直结构,可以直接输出与数据一致的垂直层（K），或指定各垂直层顶层（TOP），或指定各垂直层中间层（MID）	Layers K Layer$_1$ Layer$_2$… Layer$_N$ Or Layers TOP Top$_1$ Top$_2$ … Top$_N$ Or Layers MID Mid$_1$ Mid$_2$…Mid$_N$
Origin	不采用 MM5/WRF 中的坐标原点经纬度,指定原点经纬度	Origin Lat Lon
CALSCI_MIXHT	采用 WRF 可将数据中的 PBL 高度直接输出,采用 MMIF 将根据理查德森方法重新计算 PBL 高度	WRF 或 MMIF
AER_MIXHt	可选项，WRF 直接采用数据中混合层高度，MMIF 重新计算混合层高度，AER_MIXHT 用 AERMET 计算混合层高度	WRF、MMIF 或 AER_MIXHTS
AER_MIN_MIXHT	指定 SFC 输出文件中最小允许的混合层高度，AERMET 中默认为 1 m	AER_MIN_MIXHT 数值
AER_MIN_OBUK	指定 SFC 文件中最小的莫宁奥布霍夫长度,AERMET 中默认最小值为 1 m	AER_MIN_OBUK 数值
AER_MIN_SPEED	指定 SFC 文件中最小风速（m/s）	AER_MIN_SPEED 数值
FSL_INTERVAL	指定每日高空数据输出的频次，默认值 12 则输出世界时 00Z 和 12Z，6 则输出 00Z、06Z、12Z 和 18Z,1 则输出所有时刻	FSL_INTERVAL 数值
AER_LAYERS	指定输出到 ONSITE 和 PFL 文件中最低和最高层号	AER_LAYERS 数值
OUTPUT	指定输出文件，AERMET、AERCOARE、AERMOD	OUTPUT MODEL FORMAT 文件名
INPUT	指定输入的 MM5、WRF 文件名,多个文件可重复	INPUT 文件名
METFORM	指定 MM5 还是 WRF 数据，MMIF 可自动识别数据格式，该关键词一般没有必要	METFORM MM5 或 METFORM WRF

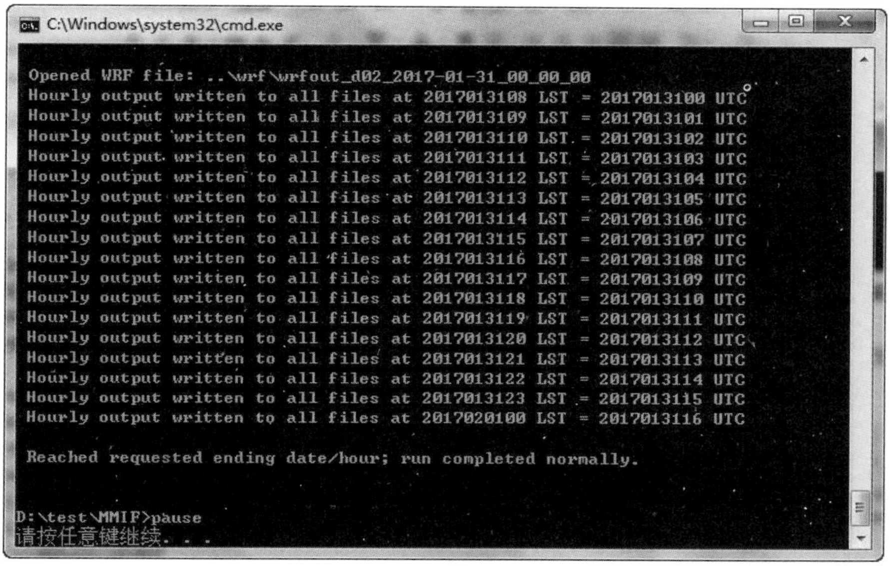

图 12-1　MMIF 运行界面

MMIF 输出 AERMET 格式时，PBL 或混合层高度计算有 3 个选项：①直接将 WRF 数据中 PBL 高度（AER_MIXHT=WRF）传递给 AERMET 相关文件；②根据理查德森方法（AER_MIXHT=MMIF）重新计算 PBL 高度，并传递给 AERMET 相关文件；③不将 WRF 数据中的 PBL 高度传递给 AERMETD 相关文件，而是采用 AERMET 本身的算法，计算混合层高度。

12.3.2　输出 AERMET 格式

MMIF 可输出 AERMET 相关文件，然后运行 AERMET 得到 AERMOD 模型所需的 SFC 和 PFL 文件。表 12-2 为 MMIF 输出 AERMET 格式主要参数说明，其他参数说明见表 12-1。

表 12-2　输出 AERMET 格式主要参数说明

关键词	描述
USEFUL	创建一个 dos 批处理文件或 Linux shell 脚本，可用于运行 AERMET 的三个步骤；同时创建了 AERMET 三个步骤的输入控制文件
ONSITE	创建一个指定格式的地面数据文件，在 AERMET 中作为 ONSITE 数据输入，文件中包括 2 m 和 10 m 数据，以及 MIN_LAYER、MAX_LAYER 等指定的输出层数据
UPPERAIR	创建 FSL 格式的高空数据，可在 AERMET 中直接调用
BAT	输出 AERMET 批处理文件
AERSFC	输出 AERSURFACE 格式的地表特征参数文件，包括反照率、波文比和地表粗糙度

图 12-2 为 MMIF 输出 AERMET 格式的输入控制文件示例。图 12-3 至图 12-7 为 MMIF 生成的文件，将 aermet.exe 复制到该文件夹，或在 AERMET 批处理文件中指定 aermet.exe 的路径，运行 AERMET 批处理文件，即可得到 AERMOD SFC 和 PFL 文件。

```
1 ; This is test run for MMIF2AERMOD
2 start        2017010100  ; start time in LST for TimeZone, hour-ending format
3 stop         2017020100  ; end  time in LST for TimeZone, hour-ending format
4 TimeZone     8
5 layers K 1 2 3 4 5 6 7 8 9 10 11 12 13 14 15 16 17 18 19 20 21 22 23 24 25 26 27 28 29 30 31 32 33 34 35 36 37 38 39 40
6 CALSCI_MIXHT WRF   ! default
7 aer_mixht     WRF   ! default
8 aer_min_mixht 1.0   ! default (same as AERMET)
9 aer_min_obuk  1.0   ! default (same as AERMET)
10 aer_min_speed 0.0  ! default (following Apr 2018 MMIF Guidance)
11 POINT  LL       28.72995   120.60393
12 AER_layers       1        4  ! write 2m, 10m, and the 4 lowest WRF layers
13 Output aermet      BAT      AERMET.BAT !
14 Output aermet      useful   AERMET.useful.txt
15 Output aermet      onsite   Onsite.dat
16 Output aermet      upperair Test.fsl
17 Output aermet      aersfc   aersfc.dat
18 FSL_INTERVAL       1        ! output frequency
19 INPUT ..\wrf\wrfout_d02_2016-12-31_00_00_00
20 INPUT ..\wrf\wrfout_d02_2017-01-01_00_00_00
21 INPUT ..\wrf\wrfout_d02_2017-01-02_00_00_00
22 INPUT ..\wrf\wrfout_d02_2017-01-03_00_00_00
23 INPUT ..\wrf\wrfout_d02_2017-01-04_00_00_00
24 INPUT ..\wrf\wrfout_d02_2017-01-05_00_00_00
25 INPUT ..\wrf\wrfout_d02_2017-01-06_00_00_00
26 INPUT ..\wrf\wrfout_d02_2017-01-07_00_00_00
27 INPUT ..\wrf\wrfout_d02_2017-01-08_00_00_00
28 INPUT ..\wrf\wrfout_d02_2017-01-09_00_00_00
```

图 12-2　MMIF 输出 AERMET 格式的输入控制文件

```
1 ME  STARTING
2 ME  SURFFILE  AERMET.SFC
3 ME  SURFDATA    99999 2016
4 ME  PROFFILE  AERMET.PFL
5 ME  PROFBASE   314 METERS
6 ME  UAIRDATA    99999 2016
7 ME  FINISHED
```

图 12-3　MMIF 输出的 AERMET USEFUL 文件

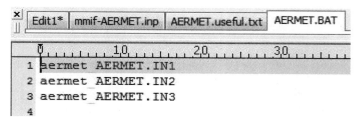

```
1 aermet AERMET.IN1
2 aermet AERMET.IN2
3 aermet AERMET.IN3
4
```

图 12-4　MMIF 输出的 AERMET 批处理文件

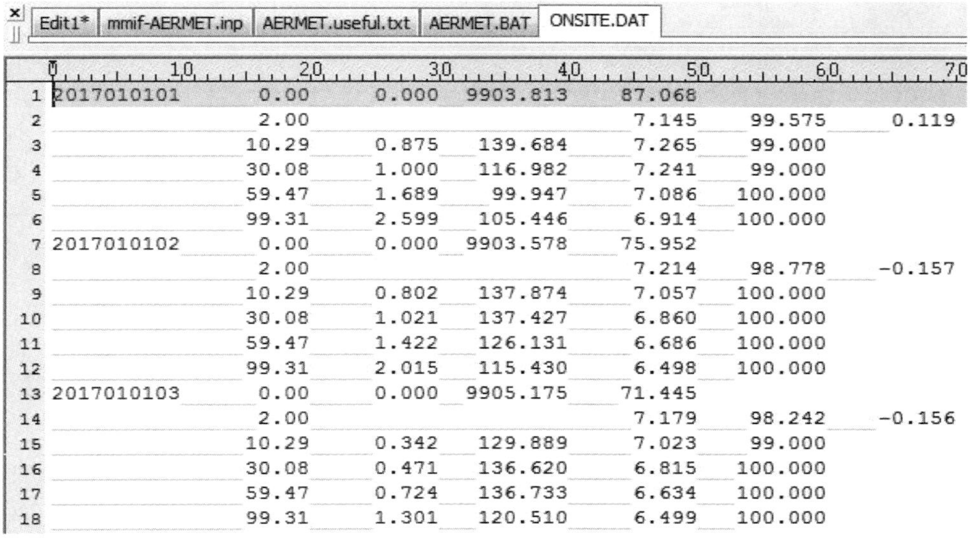

```
2017010101      0.00    0.000  9903.813    87.068
                2.00                        7.145    99.575     0.119
               10.29    0.875   139.684     7.265    99.000
               30.08    1.000   116.982     7.241    99.000
               59.47    1.689    99.947     7.086   100.000
               99.31    2.599   105.446     6.914   100.000
2017010102      0.00    0.000  9903.578    75.952
                2.00                        7.214    98.778    -0.157
               10.29    0.802   137.874     7.057   100.000
               30.08    1.021   137.427     6.860   100.000
               59.47    1.422   126.131     6.686   100.000
               99.31    2.015   115.430     6.498   100.000
2017010103      0.00    0.000  9905.175    71.445
                2.00                        7.179    98.242    -0.156
               10.29    0.342   129.889     7.023    99.000
               30.08    0.471   136.620     6.815   100.000
               59.47    0.724   136.733     6.634   100.000
               99.31    1.301   120.510     6.499   100.000
```

图 12-5 MMIF 输出的 AERMET ONSITE 地面数据文件

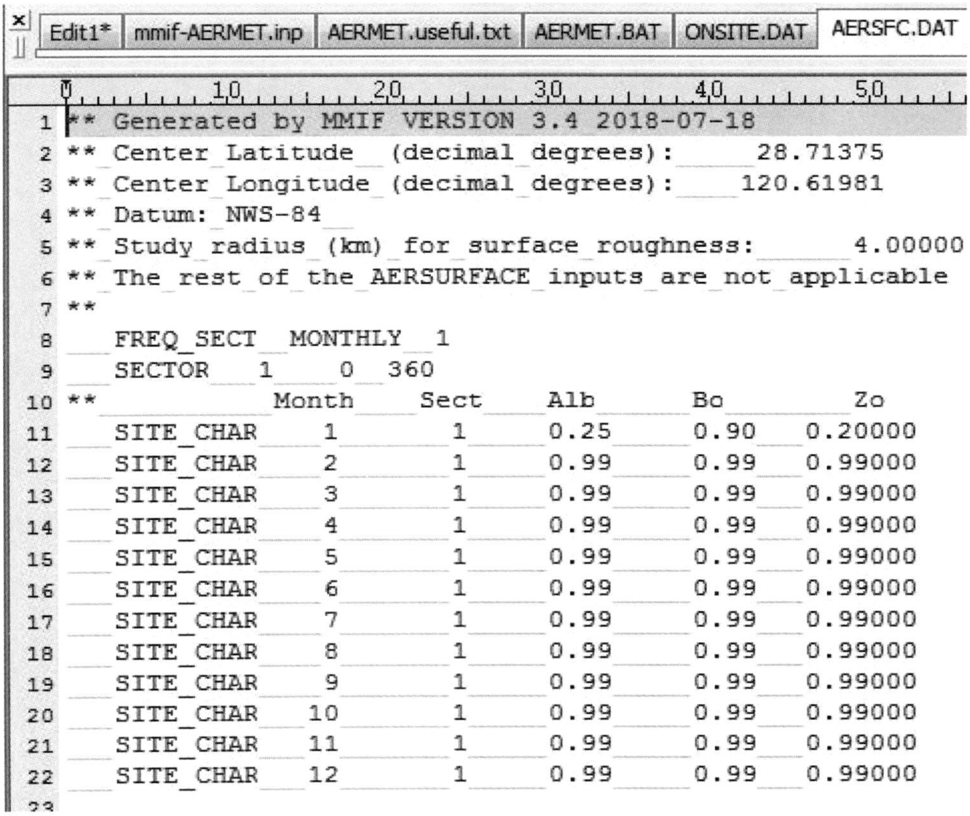

```
** Generated by MMIF VERSION 3.4 2018-07-18
** Center Latitude  (decimal degrees):      28.71375
** Center Longitude (decimal degrees):     120.61981
** Datum: NWS-84
** Study radius (km) for surface roughness:        4.00000
** The rest of the AERSURFACE inputs are not applicable
**
   FREQ_SECT  MONTHLY  1
   SECTOR   1    0  360
**              Month     Sect      Alb       Bo         Zo
   SITE_CHAR      1         1      0.25      0.90    0.20000
   SITE_CHAR      2         1      0.99      0.99    0.99000
   SITE_CHAR      3         1      0.99      0.99    0.99000
   SITE_CHAR      4         1      0.99      0.99    0.99000
   SITE_CHAR      5         1      0.99      0.99    0.99000
   SITE_CHAR      6         1      0.99      0.99    0.99000
   SITE_CHAR      7         1      0.99      0.99    0.99000
   SITE_CHAR      8         1      0.99      0.99    0.99000
   SITE_CHAR      9         1      0.99      0.99    0.99000
   SITE_CHAR     10         1      0.99      0.99    0.99000
   SITE_CHAR     11         1      0.99      0.99    0.99000
   SITE_CHAR     12         1      0.99      0.99    0.99000
```

图 12-6 MMIF 输出的 AERSURFACE 地表特征参数文件

```
× │ Edit1*    AERMET.IN1
   0        T   1.0        2.0        3.0        4.0        5.0
 1 JOB
 2     MESSAGES  AERMET.ER1
 3     REPORT    AERMET.OU1
 4
 5 UPPERAIR
 6     DATA      TEST.FSL        FSL
 7     EXTRACT   TEST.FSL.IQA
 8     QAOUT     TEST.FSL.OQA
 9
10     LOCATION 99999    28.714N  120.620E   -8
11     XDATES    2017/01/01 2017/01/31
12     AUDIT     UAPR UAHT UATT UATD UAWD UAWS
13
14 ONSITE
15     DATA      ONSITE.DAT
16     QAOUT     ONSITE.DAT.OQA
17     XDATES    2017/01/01 2017/01/31
18     LOCATION 99999    28.714N  120.620E   0        313.71
19     READ      1 OSYR OSMO OSDY OSHR INSO PRCP PRES MHGT
20     READ      2 HT01 TT01 RH01 DT01
21     READ      3 HT02 WS02 WD02 TT02 RH02
22     READ      4 HT03 WS03 WD03 TT03 RH03
23     READ      5 HT04 WS04 WD04 TT04 RH04
24     READ      6 HT05 WS05 WD05 TT05 RH05
25
26     FORMAT    1 (2x,4I2.2,F10.2,3F10.3)
27     FORMAT    2 (10x,F10.2,20x,3F10.3)
28     FORMAT    3 (10x,F10.2,4F10.3)
```

图 12-7　MMIF 输出的 AERMET 输入控制文件

12.3.3　输出 AERCORE 格式

MMIF 可输出 AERCOARE 相关文件，然后运行 AERCOARE 得到 AERMOD 模型所需的 SFC 和 PFL 文件。在 MMIF 输入控制文件中输出 AERCOARE 文件的关键词如下：

Output aercoare   useful   aercoare.inp

Output aercoare   data   aercoare.csv

由于 AERCOARE 在我国尚未推荐，在此不再赘述。

12.3.4　输出 AERMOD 格式

MMIF 可直接输出 AERMOD 模型需要的 SFC 和 PFL 文件。表 12-3 为 MMIF 输出 AERMOD 格式主要参数说明，其他参数说明见表 12-1。图 12-8 为 MMIF 输出 AERMOD

格式的输入控制文件示例，图 12-9 为 MMIF 输出的 AERMOD USEFUL 文件，该文件中内容可直接用于 AERMOD.inp 中。

表 12-3　输出 AERMOD 格式主要参数说明

关键词	描述
USEFUL	包括 AERMOD 输入控制文件（AERMOD.inp）中 ME Pathway 中的数据，如 ME STARTING、SURFFILE、PROFFILE、SURFDATA、UPDATA 等信息
SFC	输出 SFC 气象数据文件
PFL	输出 PFL 气象数据文件

```
 1 ; This is test run for MMIF2AERMOD
 2 start      2017010100  ; start time in LST for TimeZone, hour-ending format
 3 stop       2017020100  ; end   time in LST for TimeZone, hour-ending format
 4 TimeZone   8
 5 layers K 1 2 3 4 5 6 7 8 9 10 11 12 13 14 15 16 17 18 19 20 21 22 23 24 25 26 27 28 29 30 31 32 33 34 35 36 37 38 39 40
 6 CALSCI_MIXHT WRF  ! default
 7 aer_mixht      WRF  ! default
 8 aer_min_mixht 1.0  ! default (same as AERMET)
 9 aer_min_obuk  1.0  ! default (same as AERMET)
10 aer_min_speed 0.0  ! default (following Apr 2018 MMIF Guidance)
11 POINT  LL      28.72995   120.60393
12 AER_layers     1      4   ! write 2m, 10m, and the 4 lowest WRF layers
13 Output aermod    useful   AERMOD.info.txt
14 Output aermod    sfc      AERMOD.sfc
15 Output aermod    PFL      AERMOD.pfl
16 INPUT ..\wrf\wrfout_d02_2016-12-31_00_00_00
17 INPUT ..\wrf\wrfout_d02_2017-01-01_00_00_00
18 INPUT ..\wrf\wrfout_d02_2017-01-02_00_00_00
19 INPUT ..\wrf\wrfout_d02_2017-01-03_00_00_00
20 INPUT ..\wrf\wrfout_d02_2017-01-04_00_00_00
21 INPUT ..\wrf\wrfout_d02_2017-01-05_00_00_00
22 INPUT ..\wrf\wrfout_d02_2017-01-06_00_00_00
23 INPUT ..\wrf\wrfout_d02_2017-01-07_00_00_00
24 INPUT ..\wrf\wrfout_d02_2017-01-08_00_00_00
25 INPUT ..\wrf\wrfout_d02_2017-01-09_00_00_00
26 INPUT ..\wrf\wrfout_d02_2017-01-10_00_00_00
27 INPUT ..\wrf\wrfout_d02_2017-01-11_00_00_00
28 INPUT ..\wrf\wrfout_d02_2017-01-12_00_00_00
29 INPUT ..\wrf\wrfout_d02_2017-01-13_00_00_00
```

图 12-8　MMIF 输出 AERMOD 格式输入控制文件

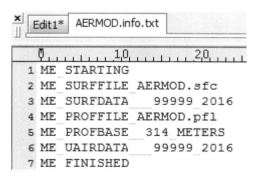

图 12-9　MMIF 输出端 AERMOD USEFUL 文件

12.4　MMIF 在 CALPUFF 中的应用

MMIF 最初设计开发直接将 MM5/WRF 数据转换成 CALPUFF 所需的三维气象场文件格式。MMIF 生成的 CALPUFF 气象文件，可跳过 CALMET 气象模块，直接被 CALPUFF

模型调用。

输出文件格式为 calpuff 时，在 MMIF 输入控制文件中设置如下 3 个参数，输出的 CALMET 文件为 2.0 格式，可在 CALPUFF5.8.x 版本中调用。

Output calpuff　　useful　　calmet.info.txt

Output calpuff　　calmet　　calmet.met

Output calpuff　　terrain　　terrain.grd

输出文件格式为 calpuffv6 时，在 MMIF 输入控制文件中设置如下 4 个参数，输出的 CALMET 文件为 2.1 格式，可在 CALPUFF6.x 版本中调用。

Output calpuffv6　　useful　　calmetv6.info.txt

Output calpuffv6　　calmet　　calmetv6.met

Output calpuffv6　　aux　　　calmetv6.aux #（basename must match calmet file）

Output calpuffv6　　terrain　　terrainv6.grd

USEFUL 输出一个 CALPUFF 气象信息文件，包括投影、大地基准面和网格等信息，可用于 CAPUFF 控制文件中（CALPUFF.inp）。图 12-10 为 MMIF 输出的 CALPUFF USEFUL 文件示例。CALMET 文件即为 CALPUFF 可直接使用的三维气象场。TERRAIN 文件可在 SURFER 软件中打开，绘制等高线图，AUX 为 CALMET 气象数据的辅助文件，仅在 CALPUFFv6 输出，且文件名必须与输出的 CALMET 文件名一样。

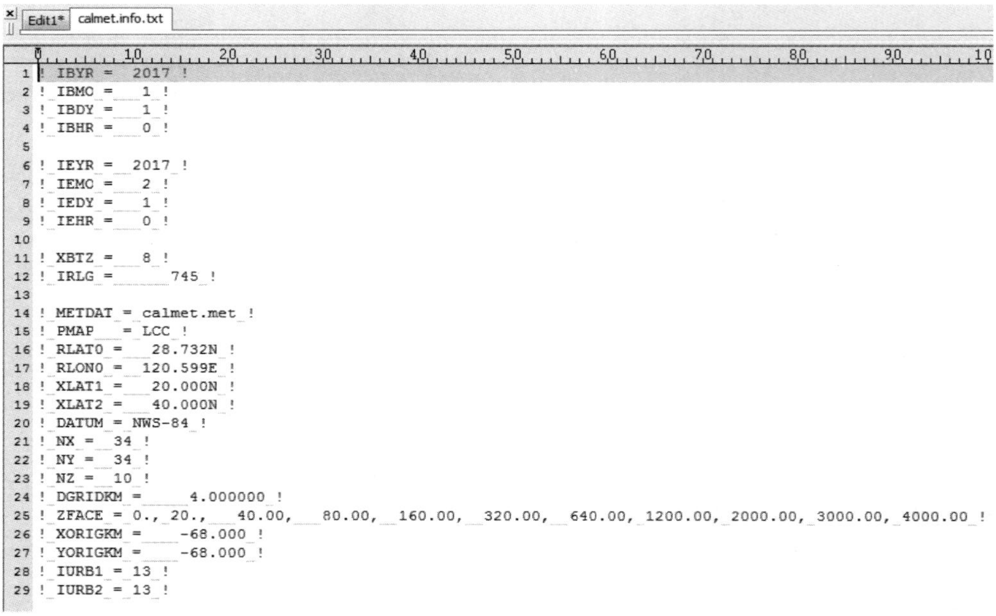

图 12-10　MMIF 输出 CALPUFF USEFUL 文件示例

12.5　MMIF 在 SCICHEM 中的应用

　　输出文件格式为 SCICHEM 时，MMIF 可输出 SCICHEM 模型所需的数据，在 MMIF
输入控制文件中可设置如下 5 个参数。

Output scichem 　　useful 　　scichem.info.txt

Output scichem 　　binary 　　scichem.bin.mcw

Output scichem 　　ascii 　　scichem.asc.mcw

Output scichem 　　sampler 　　scichem.smp

Output scichem 　　terrain 　　scichem.ter

　　USEFUL 输出一个 SCICHEM 气象信息文件，包括网格原点、格距、垂直结构等，可
以在 SCICHEM 的控制文件中使用；binary 和 ascii 将分别输出二进制和文本格式的
SCICHEM 气象数据；SAMPLER 输出一个文本文件，内容包括输出区域各点的 X、Y、Z
信息；TERRAIN 将输出一个地形文本文件，可被 SCICHEM 读取。

第 13 章
CALWRF 操作步骤

13.1　CALWRF 简介

CALWRF 为 CALPUFF 中尺度气象数据前处理接口程序，可从中尺度气象模型 WRF 预测数据提取和计算相关气象参数，生成 CALPUFF 气象模块 CALMET 可读取的 3D.DAT 数据，为 CALMET 提供三维初始猜测场或观测场。CALWRF 能够在 Windows 和 Unix / Linux 平台上进行编译和运行，可支持的 WRF 数据格式为 V2 版本以上。

CALWRF 1.0 版本于 2007 年开发，在 2008 年 1.1 版本中开始支持 WRFV3 版本数据，目前最新为 2013 年发布的 2.0.1 版本。与 MMIF 设计用于替代 CALMET 目标不同，CALWRF 设计用于将中尺度气象数据传递给 CALMET。两者各有其优缺点：①MMIF 可将 WRF 数据参数直接传递给 CALPUFF，无须 CALMET 进行修正；②采用 MMIF 时，CALMET 网格分辨率需与 WRF 一致；③采用 CALWRF 时，CALMET 网格可设置得相对 WRF 更为精细，考虑局地地形对气象场的影响。

13.2　CALWRF 在 CALPUFF 中的应用

CALWRF 是 WRF 输出气象数据的读取工具，可读取 netcdf 格式气象模拟输出数据（WRFOUT，可以是版本 2、版本 3 任一版本 WRF 格式），生成适合 CALMET 读取的 3D.dat 数据。

CALWRF 模型的控制文件为 "CALWRF.INP"，模型指令简单，可在 Windows 平台、Linux 平台编译使用。从 CALPUFF 官网下载 CALWRF 代码或者执行程序。在 Linux 环境下，使用 unzip 命令解压，运行 compile_calwrf.sh 可在 Linux 下直接编译安装。安装后生成可执行文件 calwrf.exe 即为编译成功。图 13-1 为样例。

```
Create 3D.DAT file for WRF output
calwrf.lst              ! Log file name
test5.m3d ! Output file name
22,61,192,231,1,40      ! Beg/End I/J/K（"-"for all）
2011020200              ! Start datetime (UTC yyyymmddhh，"-"for all)
2011020323              ! End    datetime (UTC yyyymmddhh，"-"for all)
2                       ! Number of WRF output files
wrf_out/wrfout_d02_2011-02-01_00_00_00 ! File name of wrf output (Loop over files)
wrf_out/wrfout_d02_2011-02-03_00_00_00


*****     Below are comments ******************************************

Create 3D.DAT file for WRF output (full domain and time-period)
calwrf.lst              ! Log file name
calwrf_em.m3d           ! Output file name
-1,-1,-1,-1,-1,-1       ! Beg/End I/J/K（"-"for all）
-1                      ! Start datetime (UTC yyyymmddhh，"-"for all)
-1                      ! End    datetime (UTC yyyymmddhh，"-"for all)
1                       ! Number of WRF output files
wrfout_070427.dat       ! File name of wrf output (Loop over files)

Create 3D.DAT file for WRF output (full domain and time-period)
calwrf.lst              ! Log file name
calwrf.dat3             ! Output file name
-9,-9,-9,-9,-9,-9       ! Beg/End I/J/K（"-"for all）
-9                      ! Start datetime (UTC yyyymmddhh，"-"for all)
-9                      ! End    datetime (UTC yyyymmddhh，"-"for all)
1                       ! Number of WRF output files
wrfout_d01_2007-01-01_000000 ! File name of wrf output (Loop over files)

Create 3D.DAT file for WRF output (sub domain and time-period)
calwrf.lst              ! Log file name
calwrf_070427.m3d       ! Output file name
1,163,1,121,1,27        ! Beg/End I/J/K
2007042700              ! Start datetime (UTC yyyymmddhh，"-"for all)
2007042704              ! End    datetime (UTC yyyymmddhh，"-"for all)
1                       ! Number of WRF output files
wrfout_070427.dat       ! File name of wrf output (Loop over files)
```

图 13-1　CALWRF.inp 样例

　　使用 CALWRF 进行 WRFOUT 数据提取，一般有 3 种变量输入方式，但变量输入格式完全一致，以选定区域、选定时间（sub domain and time-period）为例，输入变量共计 5 行，分别为日志文件输出路径及名称、起止网格位置及垂直层参数选择、起始时间、结束时间、需要读取的 WRFOUT 文件数量，CALWRF 一次运行仅支持提取一个连续的时间段、一个连续的矩形网格区域。

如图 13-2 所示，第一行是头文件，第二行是日志文件，第三行是输出结果（3d.dat），第四行是起止网格位置、垂直层等信息，第五行是起始时间，第六行是结束时间，第七行是需要读取的 WRFOUT 文件数量，当文件运行结束后，界面显示 CALWRF succeeded 即为计算成功。输入需注意文件名及路径一致。

```
Create 3D.DAT file for WRF output (sub domain and time-period)
calwrf.lst              ! Log file name
./output/calwrf_190601_46h.m3d    ! Output file name
70,120,75,125,1,27      ! Beg/End I/J/K
2019060101              ! Start datetime (UTC yyyymmddhh，"-" for all)
2019060223              ! End    datetime (UTC yyyymmddhh，"-" for all)
3                       ! Number of WRF output files
wrfout_190601.dat       ! File name of wrf output (Loop over files)
wrfout_190602.dat
wrfout_190603.dat
```

图 13-2   CALWRF.inp 文件示例

第 14 章
小尺度模型 AERMOD 在城市钢铁厂优化布局中的应用研究

近年来，我国经济快速发展，城市化加快，一些郊区钢铁厂逐渐成为城市钢厂（被城市居民区包围）。由于钢铁行业快速增长，城市钢铁厂大气污染物排放量占城市总量的比例逐年增高，为城市大气污染治理带来一定的压力。一些钢铁产能大的省份（河北、山东、江苏、河南省等）陆续出台了钢铁产能装备退出清单、污染攻坚计划等系列文件，采用搬迁、关停、超低改造、产能置换等方式，推动钢铁企业大气污染减排。《河北省化解钢铁过剩产能工作方案（2018—2020 年）》规定河北省 15 家钢厂退城搬迁或关停，《河南省污染防治攻坚战三年行动计划（2018—2020 年）》规定："在采暖季，实施钢铁、焦化等行业错峰生产""结合城市规划调整，2018 年年底前制定建成区钢铁等重污染企业对标改造、关停、转型、搬迁计划并向社会公开，未按计划执行的予以停产"。

国内外一些学者采用数值模拟、检测等手段对钢铁行业大气污染开展了研究，伯鑫等采用 CAMx 模拟并分析现状和化解产能情景下京津冀地区钢铁行业大气污染物贡献情况；M Amodio 等通过分析空气金属元素、多环芳烃等浓度，评估城市钢铁厂对意大利塔兰托市的空气质量影响情况。

上述成果可知，目前城市钢铁厂对环境影响研究以采样分析为主，目前研究存在以下主要问题：①源解析（PMF、CMB）基本无法找到城市每家钢铁厂的具体 $PM_{2.5}$ 贡献。②CMAQ、CAMx 等区域网格模型，需要大量清单数据、气象数据等支持，计算周期长，基本无法获得每家城市钢铁厂的 $PM_{2.5}$ 贡献。③较少用空气质量模型手段，来优化钢铁厂搬迁、布局方案，分析不同方案对城市空气质量改善程度。

针对上述问题，本书以河南某市钢铁行业规划调整方案为案例，采用空气质量 AERMOD 模型，分析现状情景下、不同钢铁企业搬迁整合情景下对城市空气质量贡献程度，并提出优化建议，为河南省某市钢铁行业规划整合、优化布局提供参考。

14.1 研究方法

14.1.1 研究对象

主要研究对象为河南省某市 7 家钢铁企业，分别为 A 钢铁公司、B 钢铁公司、C 钢铁公司、D 钢铁公司、E 钢铁公司、F 钢铁公司、G 钢铁公司，合计炼铁产能 1 842 万 t，炼钢产能 1 727 万 t，约占全省粗钢产能的 60.17%。

2017 年河南省某市 7 家钢铁企业排放的 SO_2、NO_x 和 $PM_{2.5}$ 分别为 0.55 万 t、1.49 万 t 和 0.46 万 t，分别占河南省某市全社会大气污染物排放总量的 9.13%、18.86%、5.43%，占河南省某市工业大气污染物排放总量的 12.91%、53.96%、12.88%。

控制点为国控监测站点，共有 5 个国控监测站点，分别为 H1、H2、H3、H4 和 H5（见图 14-1）。

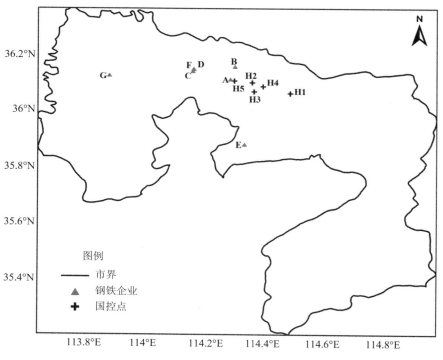

图 14-1　钢铁企业和国控监测站点位置

14.1.2 污染物排放和情景设置

河南省某市政府依据钢铁行业产能置换实施办法（工信部原〔2017〕337 号），拟对河南省某市具有冶炼能力的 7 家钢铁企业实施产能转移，进行整体规划整合，规划设置多种情景，对部分企业进行搬迁和整合。

通过调研，对 7 家钢铁企业产能规模、工艺环节、排污节点、污染物排放水平、防治措施进行资料收集和数据获取，同时结合在线监测等多种方式，获取 7 家钢铁企业常规污染物排放浓度水平，计算污染物排放量，根据钢铁企业整合的规划方案，获得各规划情景常规污染物排放浓度水平和污染物排放量，河南省某市钢铁规划整合情景见表 14-1。

表 14-1　河南省某市钢铁行业规划整合情景设置

情景 1	A 公司、B 公司、C 公司、D 公司、E 公司、F 公司、G 公司在现有厂区升级改造
情景 2	A 公司维持现状；B 公司、C 公司、D 公司重组，建设钢铁新基地（A 区域）；E 公司、F 公司、G 公司自行现有厂区升级改造
情景 3	A 公司维持现状；B 公司、C 公司、D 公司重组，建设钢铁新基地（B 区域）；E 公司、F 公司、G 公司自行改造升级

14.1.3　预测模型及参数

地形数据资料来自美国地质勘探局（USGS，90 m），地面气象数据来自河南省某市地面气象站（站号：53889）2017 年逐日逐小时数据，高空探测资料来自 WRF（ARW3.2.1 版本），地表参数采用作者开发的 AERSURFACE 在线服务系统（见表 14-2）。模拟污染物为 SO_2、NO_2 和 $PM_{2.5}$。

表 14-2　AERMOD 地表参数化方案

参数名称	数值			
	扇区	正午反照率	BOWEN	粗糙度
地表参数	0—30	0.17	0.54	0.038
	30—60	0.17	0.54	0.061
	60—90	0.17	0.54	0.062
	90—120	0.17	0.54	0.052
	120—150	0.17	0.54	0.048
	150—180	0.17	0.54	0.044
	180—210	0.17	0.54	0.116
	210—240	0.17	0.54	0.177
	240—270	0.17	0.54	0.023
	270—300	0.17	0.54	0.051
	300—330	0.17	0.54	0.019
	330—360	0.17	0.54	0.002

14.1.4　颗粒物二次转化计算方法

采用 AERMOD 模拟 $PM_{2.5}$ 时，将模型模拟的 $PM_{2.5}$ 一次污染物的质量浓度，同时叠加按 SO_2、NO_2 的前体物转化比率估算的二次 $PM_{2.5}$ 的质量浓度，得到 $PM_{2.5}$ 的贡献浓度。对无法取得 SO_2、NO_2 的前体物转化比率的可取 Φ_{SO_2} 为 0.58、Φ_{NO_2} 为 0.44，按以下公式计算二次 $PM_{2.5}$ 贡献浓度：

$$C_{二次PM_{2.5}} = \Phi_{SO_2} \times C_{SO_2} + \Phi_{NO_2} \times C_{NO_2}$$

其中：在计算小时或日平均质量浓度时，取 $Q(NO_2)/Q(NO_x)=0.9$；在计算年平均质量浓度时，NO 和 NO_2 比值为 3∶1，可以取 $Q(NO_2)/Q(NO_x)=0.75$。

14.2　结果与讨论

14.2.1　现状大气环境影响

现状大气环境影响以 7 家钢铁厂实际产量计算排放量，进行大气环境影响预测。

7 家钢铁厂现状情景下 2017 年污染物的排放对河南省某市 $PM_{2.5}$、SO_2 和 NO_2 的模拟平均贡献浓度分别为 10.19 $\mu g/m^3$、1.03 $\mu g/m^3$ 和 1.80 $\mu g/m^3$，秋冬季对河南省某市 $PM_{2.5}$、SO_2 和 NO_2 的模拟平均贡献浓度分别为 13.00 $\mu g/m^3$、1.02 $\mu g/m^3$ 和 1.79 $\mu g/m^3$；7 家钢铁厂现状情景下全年 $PM_{2.5}$ 对国控点的模拟浓度贡献（$\mu g/m^3$）影响从大到小依次为 H3（27.60）、H5（9.11）、H4（6.41）、H1（4.95）、H2（2.86），秋冬季 $PM_{2.5}$ 对国控点的模拟浓度贡献值（$\mu g/m^3$）影响从大到小依次为 H3（39.22）、H5（9.65）、H4（8.48）、H1（4.88）、H2（2.81）（见表 14-3）。

表 14-3　现状情景下 7 家钢铁企业 $PM_{2.5}$ 平均模拟贡献浓度对国控点大气环境影响　　单位：$\mu g/m^3$

空气质量监测点	$PM_{2.5}$		SO_2		NO_2	
	全年	秋冬季	全年	秋冬季	全年	秋冬季
H1	4.95	4.88	0.53	0.34	0.96	0.63
H2	2.86	2.81	0.33	0.24	0.60	0.44
H3	27.60	39.22	2.82	3.31	4.81	5.72
H4	6.41	8.48	0.61	0.64	1.10	1.15
H5	9.11	9.65	0.87	0.56	1.54	1.03
河南省某市平均值	10.19	13.00	1.03	1.02	1.80	1.79

14.2.2　规划情景大气环境影响

共设置 3 个规划情景，对不同规划情景分别进行大气环境影响预测，分析预测结果与 7 家钢铁厂现状结果的下降值和降幅，$PM_{2.5}$ 全年平均模拟贡献浓度结果如下：

情景 1 的钢铁产业模拟贡献浓度为 6.18 μg/m³，对比 7 家钢铁厂现状情景下（10.19 μg/m³）模拟贡献浓度降值（降幅）为 4.01 μg/m³（39.35%）。

情景 2 的钢铁产业模拟贡献浓度为 4.80 μg/m³，对比 7 家钢铁厂现状情景下（10.19 μg/m³）模拟贡献浓度降值（降幅）为 5.39 μg/m³（52.89%）。

情景 3 的钢铁产业模拟贡献浓度为 6.03 μg/m³，对比 7 家钢铁厂现状情景下（10.19 μg/m³）模拟贡献浓度降值（降幅）为 4.16 μg/m³（40.82%）。

钢铁产业实现转型规划整合，3 种规划方案对 7 家钢铁企业 $PM_{2.5}$ 全年模拟贡献浓度有一定幅度的下降（4.01～5.39 μg/m³）。

根据预测结果，从环境角度分析，钢铁整合情景 2 对环境影响最小，推荐作为河南省某市钢铁行业规划整合方案。

14.2.3　不确定性分析

本研究存在一定不确定性：①排放源的不确定性，钢铁企业原辅料类型受一定的市场、产地因素影响（如铁矿石含硫率等），可能导致排放源强有所波动；②缺乏外来传输模拟，如邻近省份大气污染物传输等；③未考虑其他本地源排放，观测浓度除受当地钢铁企业污染影响外，还受其他多种因素的共同影响。

14.3　结论

本研究给出了不同规划情景下钢铁行业对大气环境改善程度，7 家钢铁厂模拟贡献浓度对现状情景下模拟贡献浓度的大气环境影响程度总体表现为情景 1＞情景 3＞情景 2，其中情景 2 对河南省某市市区污染物总量减排效果最好，钢铁整合情景 2 对环境影响最小，推荐作为河南省某市钢铁行业规划整合方案。

第 15 章
CALPUFF、AERMOD 在大气污染预报中的应用研究

目前，针对城市空气污染预报，我国常用的污染预报模型为第三代空气质量模型（CMAQ、CAMx、WRF-chem、NAQPMS），这些模型可反映中等尺度范围空气污染物的排放、扩散、传输、沉降、化学反应等。

我国经济快速发展，城市化加快，工业园区、重点排污企业排放的大气污染物逐渐成为关注热点，CMAQ、CAMx 等区域网格模型需要大量清单数据、气象数据、计算资源等支持，计算周期长，难以用来开展单个园区、单个企业的小尺度污染物精细预报（100～500 m 分辨率）。例如，预测未来几天，某医药企业排放恶臭污染物对周围居民的影响等；预测某钢铁厂排放大气污染物对所在城市的空气质量影响等。

针对上述问题，作者建立了 CALPUFF、AERMOD 小尺度预报系统，基于国家气象局预报资源以及 WRF 结果，开展未来 7 天重点企业对国控点和周围环境的污染预测，分析不同方案对城市空气质量改善程度，为大气污染应急、预警等提供预报服务（PC 端、手机 APP 端等）。

目前，作者开发的 CALPUFF、AERMOD 大气污染预报系统已投入应用，可快速部署到我国任何一个城市，预报城市单个或多个钢铁厂、电厂、化工厂、道路或者工业园区排放大气污染物对国控点、居民区的污染贡献影响。

15.1 CALPUFF 小尺度预报实例

以沧州市中心城区四大典型企业为例，采用 CALPUFF，开展了未来 7 天小尺度预报，预测各企业排放的大气污染物扩散对沧州市 $PM_{2.5}$ 的浓度贡献，并推送到市政府、市环保局管理人员的手机 APP（见图 15-1）。

点击【四大企业】菜单，即可打开功能列表，【四大企业】菜单下设 5 个点击按钮，分别为 A 热电、B 热力、C 石化、D 大化以及综合信息，点击相应的按钮，即可从模型服务器下载最新的分析成果。

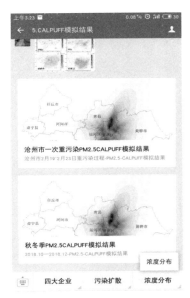

图 15-1　CALPUFF 小尺度预报手机 APP

15.2　AERMOD 小尺度预报实例

基于国家气象局气象预报数据，以某区县的重点企业为例，采用 AERMOD，开展了未来 7 天小尺度预报，预测区县的重点企业排放的大气污染物扩散对该县的 $PM_{2.5}$、NO_x、SO_2 浓度贡献（可预测企业对国控点等未来每天的日均贡献浓度、每小时贡献浓度），并推送到县政府、县环保局管理人员的手机 APP（见图 15-2）。

图 15-2　AERMOD 小尺度预报手机 APP

参考文献

[1]　伯鑫. CALPUFF 模型技术方法与应用[M]. 北京：中国环境出版社，2016.

[2]　伯鑫. 空气质量模型：技术、方法及案例研究[M]. 北京：中国环境出版社，2018.

[3]　伯鑫，屈加豹，田军，等. 全国火电排放清单研究[M]. 北京：中国环境出版社，2018

[4]　伯鑫，田飞，唐伟，等. 重点煤电基地大气污染物扩散对京津冀的影响[J]. 中国环境科学，2019，39（2）：514-522.

[5]　伯鑫. 建立高分辨率工业大气排放清单[N]. 中国环境报，2018-07-17（003）.

[6]　崔建升，屈加豹，伯鑫，等. 基于在线监测的 2015 年中国火电排放清单[J]. 中国环境科学，2018，38（6）：2062-2074.

[7]　伯鑫，徐峻，杜晓惠，等. 京津冀地区钢铁企业大气污染影响评估[J]. 中国环境科学，2017，37（5）：1684-1692.

[8]　Bo X，Xue X，Xu J，et al. Aviation's emissions and contribution to the air quality in China[J]. Atmospheric Environment，2019，201：121-131.

[9]　伯鑫. 污染源清单模型基础数据预处理研究[A]//中国环境科学学会. 2015 年中国环境科学学会学术年会论文集（第一卷）[C]. 2015：5.

[10]　伯鑫，田军，葛春风，等. 战略环评中大气环境影响评价技术体系研究[J]. 环境工程，2016，34（11）：127-130，135.

[11]　环境保护部. 环境质量模型规范化管理暂行办法（征求意见稿）[Z].

[12]　王自发，谢付莹，王喜全，等. 嵌套网格空气质量预报模式系统的发展与应用[J]. 大气科学，2006（5）：778-790.

[13]　祝亚鹏. 基于 WRF 模式结合自动站资料同化的三峡地区高分辨率气候模拟及其评估[D]. 南京：南京信息工程大学，2018.

[14]　王雅萍. WRF 模式气候动力降尺度的适应性研究[D]. 兰州：兰州大学，2014.

[15]　刘俊. 区域数值预报技术在航路气象预报中的应用研究[D]. 天津：中国民航大学，2018.

[16]　Wagner S，Fersch B，Kunstmann H，et al. Coupled atmospheric-hydrological modeling for feedback investigations in the Poyang lake catchment，China[C]. AGU Fall Meeting Abstracts，2012.

[17] Benjamin S G，Devenyi D，Weygandt S，et al. An hourly assimilation forecast cycle：The RUC[J]. Mon Wea Rev，2004，132：495-518.

[18] Benjamin S G，Grell G，Brown J M，et al. Mesoscale weather prediction with the RUC hybrid isentropic-terrain-following coordinate model[J]. Mon Wea Rev，2004，132：473-494.

[19] Benjamin S G，Brown J M，Brundage K J，et al. From the 13-km RUC to the Rapid Refresh，AMS 12th Conference on Aviation，Range，and Aerospace Meteorology（ARAM）[C]. Atlanta，GA，2006.

[20] Benjamin S G，Brown J M，Brundage K J，et al. From the radarenhanced RUC to the WRF-based Rapid Refresh，AMS 22nd Conference on Weather Analysis and Forecasting[C]. Park City，Utah，2007.

[21] 范水勇，陈敏，仲跻芹，等. 北京地区高分辨率快速循环同化预报系统性能检验和评估[J]. 暴雨灾害，2009，28（2）：119-125.

[22] 陈子通，黄燕燕，万齐林，等. 快速更新循环同化预报系统的汛期试验与分析[J]. 热带气象学报，2010，26（1）：49-54.

[23] 郝民，徐枝芳，陶士伟，等. GRAPES RUC 系统模拟研究及应用试验[J]. 高原气象，2011，30（6）：1573-1583.

[24] Wilson J W. Precipitation Nowcasting：Past，Present and Future[C]. 6th International Symposium on Hydrological Applications of Weather Radar，2011.

[25] Benjamin S G，Weygandt S S，Brown J M，et al. Assimilation of METAR cloud and visibility observations in the RUC[C]. 11th Conference on Aviation，Range，Aerospace and 22nd Conference on Severe Local Storms. Hyannis，MA，2004.

[26] Weygandt S，Benjamin S G，Dévényi D，et al. Cloud and hydrometeor analysis using metar，radar，and satellite data within the RUC/Rapid-Refresh model[C]. 12th Conference on Aviation Rang and Aerospace Meteorology. Atlanta，GA，2006.

[27] Weygandt S S，Benjamin S G，Brown J M，et al. Assimilation of lightning data into RUC model forecasting[C]. 2nd Intl Lightning Meteorology Conf. Tucson，AZ，2006.

[28] Brown J M，Benjamin S G，Smirnova T，et al. Rapid-Refresh Core Test：Aspects of WRF-NMM and WRF-ARW forecast performance relevant to the Rapid-Refresh application[C]. 18th Conf Num Wea Pred. Park City，UT，2007.

[29] Hu M，Weygandt S，Benjamin S G，et al. Ongoing development and testing of generalized cloud analysis package within GSI for initializing Rapid Refresh，Preprints[C]. 13th Conf on Aviation，Range and Aerospace Meteorology. New Orleans，LA，2008.

[30] Brown J M，Smirnova T G，Benjamin S G，et al. Rapid-Refresh testing：Example of forecast performance[C]. 13th Conference on Aviation Rang and Aerospace Meteorology. New Orleans，LA，2008.

[31] 程兴宏，刘瑞霞，申彦波，等. 基于卫星资料同化和 LAPS/WRF 模式系统的云天太阳辐射数值模拟

改进方法[J]. 大气科学，2014，38（3）：577-589.

[32] 刘瑞霞，陈洪滨，师春香，等. 多源观测数据在 LAPS 三维云量场分析中的应用[J]. 应用气象学报，2011，22（1）：123-128.

[33] 梁增强，马民涛，杜改芳. 京津冀地区区域环境污染研究进展[J]. 四川环境，2013，32（4）：126-130.

[34] 李磊，张贵祥. 京津冀都市圈经济增长与生态环境关系研究[J]. 生态经济，2014，30（9）：167-171.

[35] 马一丁，付晓，吴钢. 锡林郭勒盟煤电基地大气环境容量分析及预测[J]. 生态学报，2017，37（15）：5221-5227.

[36] 李巍，侯锦湘，刘雯. 资源型城市工业规划的环境基线空间评价方法——以鄂尔多斯市主导产业发展规划环评为例[J]. 环境科学与技术，2010，33（6）：384-389.

[37] 李喜仓，百美兰，马玉峰，等. 鄂尔多斯市城区发展对局地大气环境影响的数值模拟[J]. 气象与环境学报，2011，27（3）：61-66.

[38] 张书海. 考虑城际传输的区域空气污染联动治理研究[D]. 上海：上海大学，2017.

[39] 伯鑫，王刚，温柔，等. 京津冀地区火电企业的大气污染影响[J]. 中国环境科学，2015，35（2）：364-373.

[40] Yu L D，Wang G F，Zhang R J，et al. Characterization and source apportionment of $PM_{2.5}$ in an urban environment in Beijing[J]. Aerosol and Air Quality Research，2013，13（2）：574-583.

[41] 吴文景，常兴，邢佳，等. 京津冀地区主要排放源减排对 $PM_{2.5}$ 污染改善贡献评估[J]. 环境科学，2017，38（3）：867-874.

[42] Tian Y Z，Chen G，Wang H T，et al. Source regional contributions to $PM_{2.5}$ in a megacity in China using an advanced source regional apportionment method[J]. Chemosphere，2016，147：256-263.

[43] 北京市环境保护局. 北京市正式发布 $PM_{2.5}$ 来源解析研究成果[EB/OL]. http://www. bjepb. gov. cn/bjepb/323265/340674/396253/ index. html[2014-04-16].

[44] 天津市环境保护局. 天津发布颗粒物源解析结果[EB/OL]. http://www. tjhb. gov. cn/root16/mechanism_1006/environmental_protection_ propaganda_and_education_center/201411/t20141112_6464.html[2014-08-25].

[45] 石家庄市环境保护局. 河北 11 市完成 $PM_{2.5}$ 源解析[EB/OL]. http://www. sjzhb. gov. cn/cyportal2. 3/template/site00_article@ sjzhbj. jsp？ article_id=8afaa1614cd9a176014d553231f26b33&parent_id=8afaa16142796386014279efe11b0937&parentType=0&siteID=site00&f_channel_id=null&a1b2dd=7xaac[2015-05-15].

[46] Liu J，Mauzerall D L，Chen Q，et al. Air pollutant emissions from Chinese households：A major and underappreciated ambient pollution source[J]. Proceedings of the National Academy of Science of the United States of America，2016，113：7756-7761.

[47] Chen Y，Tian C，Feng Y，et al. Measurements of emission factors of $PM_{2.5}$，OC，EC，and BC for household

stoves of coal combustion in China[J]. Atmospheric Environment，2015，109：190-196.

[48] Li Q，Jiang J K，Zhang Q，et al. Influences of coal size，volatile matter content，and additive on primary particulate matter emissions from household stove combustion[J]. Fuel，2016，182：780-787.

[49] Zavala M，Barrera H，Morante J，et al. Analysis of model-based $PM_{2.5}$ emission factors for on-road mobile sources in Mexico[J]. Atmósfera，2013，26（1）：109-124.

[50] 李云燕，殷晨曦. 京津冀地区 $PM_{2.5}$ 减排实效与影响因素的门限效应[J]. 中国环境科学，2017，37（4）：1223-1230.

[51] 李海萍，赵颖，傅毅明. 京津冀国家干线公路污染空间特征分析[J]. 环境科学学报，2016，36（10）：3515-3526.

[52] 黄蕊珠，陈焕盛，葛宝珠，等. 京津冀重霾期间 $PM_{2.5}$ 来源数值模拟研究[J]. 环境科学学报，2015，35（9）：2671-2680.

[53] 周磊，武建军，贾瑞静，等. 京津冀 $PM_{2.5}$ 时空分布特征及其污染风险因素[J]. 环境科学研究，2016，29（4）：483-493.

[54] 清华大学. 中国多尺度排放清单模型（Multi-resolution Emission Inventory for China，MEIC）[EB/OL]. http://meicmodel. org/index. html[2017-02-07].

[55] 生态环境部环境工程评估中心. 全国重点行业大气污染物排放清单[EB/OL]. http://www. ieimodel. org/.

[56] 伯鑫，李时蓓. 全国火电行业污染源排放清单建设研究[A]//中国环境科学学会. 2014 中国环境科学学会学术年会（第三章）[C]. 北京：中国环境科学出版社，2014：1506-1510.

[57] Zhou T，Bo X，Qu J，et al. Characteristics of PCDD/Fs and metals in surface soil around an iron and steel plant in North China Plain[J]. Chemosphere，2019，216：413-418.

[58] Amodio M，Andriani E，De Gennaro G，et al. How a steel plant affects air quality of a nearby urban area: a study on metals and PAH concentrations[J]. Aerosol Air Qual Res，2013，13（2）：497-508.

[59] 徐君妃，伯鑫，王刚，等. AERMOD 模型中高空数据在多地理时区下的应用[J]. 环境影响评价，2018，40（6）：59-62.

[60] 伯鑫，王刚，田军，等. AERMOD 模型地表参数标准化集成系统研究[J]. 中国环境科学，2015，35（9）：2570-2575.

后 记

2007 年，正在读研究生的我有幸来到生态环境部环境工程评估中心接受联合培养，在评估中心机房，我第一次接触到空气质量模型，从此发现了一个新的领域。这么多年来，在单位领导、专家、老师、同事、朋友和同行的指导、支持和批评下，我对空气质量模型有了新的理解。

1. 空气质量模型是开展我国环境研究的工具。工具本没有好坏之分，但模型使用者操作、应用导致了模型模拟效果的偏差。

2. 据统计，全世界有几百个空气质量模型，一些模型更新换代很快，一些模型则由于使用者少而被淘汰。所以只有大家不断地学习、应用，才能发挥模型在环境保护领域的作用。此书是基础教学用书，希望能把模型初学者引进门。

我热爱空气质量模型，真心希望更多的环保工作者参与到空气质量模型理论、应用研究工作中来，一起交流、学习、讨论，共同提高。

伯 鑫

2019 年于北京